두근두근
확률과
통계

두근두근 확률과 통계

수냐 지음

지노 사이다 수학 시리즈 6

삶이 풀리는 짜릿짜릿 통쾌한 수학 공부

들어가는 글

인공지능 시대의 필수 교양, 확률과 통계

낯선 곳에 여행을 가면 빠질 수 없는 게 맛집입니다. 기왕 온 여행이니 그곳에서만 맛볼 수 있는 맛난 음식으로 여행의 기분을 한껏 높이고 싶어집니다. 그럴 때 우리는 스마트폰을 꺼내 검색을 합니다. 맛집 정보가 순식간에 눈에 들어옵니다.

맛집을 고를 때 꼭 챙겨 보는 게 리뷰 수와 평점입니다. 리뷰 수가 적거나 평점이 낮으면 (그 가게를 가본 것도 아닌데) 왠지 맛집이 아닐 것 같은 느낌이 듭니다. 리뷰가 웬만큼 많고 평점도 괜찮은 가게를 찾으면 안심하고 그곳으로 향합니다.

리뷰와 평점을 보는 이유는, 실패 확률을 줄이고 성공 확률을 높이고 싶기 때문입니다. 리뷰를 가지고 장난을 치는 사람이 많다 보니 100퍼센트 믿을 수 없다는 것도 압니다. 그래서 리뷰가 많으면서 평점이 높은 곳을 찾습니다. 데이터가 많을수록 튀는 데이터의 함정을 피할 가능성도 높아지니까요. 이렇게 우리는 확률과 통계의 세상 속에서, 확률과 통계를 이용하고 있습니다.

리뷰를 통해 선택한 맛집의 성공 확률은 어느 정도나 되었나요? 소문난 잔칫집에 먹을 게 없다는 말이 저절로 떠오르는 경우도 종종 있지 않았나요? 저는 그랬습니다. 그럴 때면 괜히 헛고생했다는 마음이 들어 속상하더라고요. 그런 실패를 줄이려면, 더욱 스마트한 판단과 선택 요령 그리고 자신만의 철학이 필요합니다.

인공지능이 자동으로 문제를 해결해주는 스마트한 시대가 되어갑니다. 그래도 우리에게는 정보를 판단하고 선택하는 스마트한 방법이 필요합니다. 그 방법의 하나로 확률과 통계에 대한 이해를 추천합니다. 지식이 생성되는 과정도, 인공지능이 문제를 처리하는 방식도, 사람이 판단하고 선택하는 과정도 결국 확률과 통계이기 때문입니다.

그런데 확률과 통계는 조작이 쉽기로 악명이 높습니다. 의도에 따라 확률과 통계를 조작하는 사례가 많습니다. 그래서 확률과 통계에 대한 이해가 더욱 필요합니다. 이 책이 확률과 통계에 대한 이해를 넘어서 통찰까지 줄 수 있다면 좋겠습니다. 그런 책을 만들어보고자 궁리하며 글을 썼습니다. 함께 노력해주신 지노 출판사의 대표와 편집자, 디자이너에게 깊은 감사를 드립니다.

2023년 6월
수냐 김용관

차례

신이 죽어버렸다고?

걱정 마.

확률과 통계로 되살아났으니까!

1부

확률과 통계를
왜 배울까?

01

통계 데이터가
돈이 되는 시대?

통계라고 하면, 평균이니 분산이니 이런 말 때문에 어렵게 느껴진다. 사실 데이터를 처리하는 계산 과정이나 절차가 어려운 것이지, 통계 자체는 참 재미있고 유익하다. 일평생 흘리는 눈물의 양 같은 재미난 정보를 알려주고, 실시간 관심사와 관심 인물이 누구인지도 보여준다. 그래서 세상을 보여주는 통계 데이터가 갈수록 귀한 대접을 받는다.

>

2021년 한국의 신한카드사는 구글에 통계 데이터를 판매했다. 신한카드를 이용하는 소비자들의 카드 사용에 대한 데이터였다. 구글은 왜 그런 데이터를 구매했을까? 구글은 각 나라 소비자들의 소비 패턴을 알고 싶었다. 연령대나 성별에 따라 어떤 업종과 시간대에 온라인 결제가 이뤄지는가를 궁금해했다. 그 목적에 딱 맞는 데이터였기에 구매한 것이다.

통계 데이터 자체가 사고 팔리는 시대가 되었다. 신한카드에 따르면, 데이터 판매 수익은 2014년에 2억 원에 불과했다. 하지만 해가 갈수록 판매 수익은 증가했다. 2017년에는 20억 원, 2021년에는 100억 원에 달했다. 앞으로도 가파른 상승세를 보일 것으로 전망된다. •

기업이 통계 데이터를 사는 이유는 분명하다. 사업에 보탬이 되기 때문이다. 그 데이터 자체가 바로 돈이 되는 건 아니다. 하지

• 《한국경제》 2022년 6월 27일자 기사 참고. https://www.hankyung.com/economy/article/2022062798411

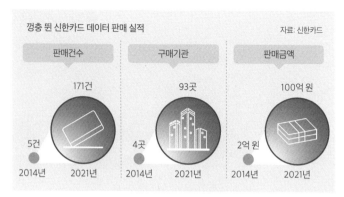

껑충 뛴 신한카드 데이터 판매 실적

자료: 신한카드

판매건수	구매기관	판매금액
171건	93곳	100억 원
5건	4곳	2억 원
2014년 2021년	2014년 2021년	2014년 2021년

신한카드의 데이터 판매 실적표

만 그 데이터를 잘 처리하면, 데이터는 돈을 불러들이는 정보로 둔 갑한다. 그 역할을 해내는 게 통계다.

데이터는 갈수록 중요해지고 있다. 데이터와 관련된 말도 많이 등장했다. 데이터가 만들어가는 새로운 자본주의를 '데이터 자본주의'라고 한다. 한낱 자료에 불과했던 데이터가 수익 창출의 토대가 되다 보니 세금을 매겨야 한다며 '데이터세'를 주장한다. 데이터를 생산하는 사람들이 데이터에 대한 소유권을 갖게하자는 '웹3.0 시대'의 도래를 내다보기도 한다. 이렇게 통계를 둘러싸고 뭔가 큰일이 벌어지고 있다.

1부_ 확률과 통계를 왜 배울까?

읽기와 쓰기 능력과 마찬가지로,

통계학적 사고가 유능한 시민이 갖춰야 할 필수 요소가 될 날이

언젠가는 올 것이다.

Statistical thinking will one day be as necessary for efficient citizenship

as the ability to read and write.

—

소설가 H. G. 웰스(H. G. Wells, 1866~1946)

처음에 통계는
숫자일 뿐이었다

〈

통계라고 하면 수로 가득한 데이터를 가장 먼저 떠올린다. 그런 식의 통계는 아주 오래전에 시작되었다. 약 5,500년 전 이집트의 한 기록에는 전투에서 포로를 12만 명, 소를 40만 마리, 염소를 142만 2,000마리를 잡았다는 기록이 있다.[*] 이런 통계 기록이나 자료는 동양과 서양 어디에서든 발견된다.

인구는 고대로부터 중요하게 다뤄지던 통계 데이터였다. 세금을 징수하거나, 군인을 징집할 때 근거가 되는 자료였기 때문이다. 성서에서도 고대 이스라엘 사람 전체 수에 대한 기록이 있다. 각 족속의 인구가 얼마인가를 기록한 것이 『민수기』였다. 20세 이상 남자가 60만 3,550이었다. 고대 로마에서도 인구조사를 했다. 그 조사를 담당했던 감찰관을 censor라고 했다. 그 말로부터 인구조사를 뜻하는 단어인 census가 파생되었다.

고대 중국에서도 한나라 때의 인구에 대한 기록이 있다. 『한서지리지』라는 책인데, 세금 부과가 가능한 가구만 조사했다. 1,236만 6,470가구에 5,959만 4,978명의 사람들이 살았다.[**] 그 책에서는 우리나라 인구에 대한 부분도 있다. 고조선의 중심이던

낙랑 지역 인구는 6만 2,812호로 40만 6,748명이었다.•••

　　통계의 시작은 사람이나 물량의 전체 현황을 파악하는 것이었다. 통계라는 말에는 그 의미가 고스란히 담겨 있다. 관심 있는 대상들을 모두 모으고 종합해(統, 통) 그 개수를 세는(計, 계) 것이 통계다.

　　통계는 사회적인 발명품이었다. 개인도 전체 현황을 파악할 필요는 있지만, 사회에서는 보다 필수적이었다. 사회를 유지하려면 인원이 얼마나 되는지, 동원 가능한 자원이나 물자가 얼마나 되는가를 알아야 했다. 통계는 국가적 차원의 관심사가 직접 반영되어 탄생했다. 그런 역사적 배경이 통계를 뜻하는 statistics에 담겨 있다. 국가(state)와 관련된 상태나 데이터를 말한다.

• I. B. 코헨 지음, 『수의 승리』, 김명남 옮김, 생각의나무, 2010.
•• 《국제신문》 2010년 11월 1일자 "인구센서스" 기사 참고. http://www.kookje.co.kr/news2011/asp/newsbody.asp?code=1700&key=20101102.22031204141
••• 우리역사넷, "신편 한국사-고조선의 사회경제" 편 참고. http://contents.history.go.kr/mobile/nh/view.do?levelId=nh_004_0030_0030_0030_0010

진귀한 기록의 통계 책, 『기네스북』

『기네스북』은 세상에서 가장 긴 이름, 엉덩이로 가장 빨리

달리기 등이 담긴 진귀한 기록 모음집이다.

영국에 있는 맥주회사 '기네스'에서 매년 발행해 붙여진 이름이다.

가장 빠른 새가 무엇인지를 궁금해하던,

기네스 사 소유주의 후손에 의해 탄생했다.

세상에 관한 통계를 모았다.

BTS도 23개의 기네스 기록을 보유하고 있다.

—

출처: https://www.guinnessworldrecords.com

통계가 말을 하기 시작했다

>

1662년에 통계의 역사를 바꿔버린 책이 한 권 출간되었다. 영국의 아마추어 과학자 존 그랜트(John Graunt, 1620~1674)의 90쪽짜리 책이다. 『사망표에 관한 자연적 정치적 제관찰』이라는 딱딱한 제목이다. 이 책을 계기로 단순한 수에 불과했던 통계는 메시지를 품은 말이 되었다.

런던 시에서는 1603년에 흑사병이 퍼진 이후 정기적으로 사망자 통계를 작성하여 발표했다. 처음에는 전체 사망자 총계만 발표되다가, 나중에는 60여 가지가 넘는 요인으로 분류되었다. 그랜트는 그 통계 데이터를 유심히 들여다보며 분석했다.

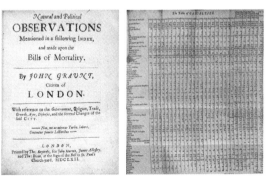

존 그랜트의 책 표지와 본문 일부

그는 우선 특정 요인으로 인한 사망자 수가 매년 거의 일정하다는 사실을 알아차렸다. 만성질환, 사고, 자살로 인한 사망자 수는 거의 비슷했다. 그런 요인이 순전히 개인적일 것 같지만, 사회적 문제라는 사실을 알아냈다. 매년 출생자를 살펴보니, 남자아이가 여자아이보다 조금 더 많았다. 사회적 차원에서 보니 일정한 패턴이나 규칙이 존재했다.

그런 패턴과 규칙을 통해 그랜트는 런던의 인구도 추정해봤다. 매해 출생하는 아이의 수가 1만 2,000명이라는 사실에 주목했다. 그 사실로부터 임신 가능한 여성 수와 결혼한 여성 수를 계산해냈다. 런던의 가족이 평균적으로 8명이라는 사실을 추가했다. 그 결과 런던의 인구가 38만 4,000명이라고 추론했다. 일부데이터로 전체 상태를 추측해보는 방법을 선보였다.

존 그랜트는 근대 통계학의 기초를 닦은 인물로 평가받는다. 데이터를 단순히 모아 그 총합만 구하는 데서 그치지 않았다. 그통계가 무엇을 말해주는가를 해석해내 통계로부터 의미를 뽑아냈다. 단순한 수치에 불과했던 통계가 이제 말을 하기 시작했다.

부분으로 전체를
알아낸다

    욕설을 하면 힘이 더 세질까? 경험을 되짚어보면 그랬던 것 같기도 하다. 욕설을 내뱉으면 기합을 불어넣는 효과가 발생한다. 그러다가도 욕 좀 한다고 힘이 더 세지겠냐는 의문이 든다. 사실인지 아닌지 확신하기 어렵다. 그럴 때 유용하게 써먹을 수 있는 게 통계다. 사람들에게 실험한 후 통계 데이터를 모아보면 된다.

    영국의 한 대학 연구팀이 욕설이 신체나 심리에 어떤 영향을 미치는지 실험했다. 29명을 대상으로는 자전거 타기 실험을, 54명을 대상으로는 악력기 실험을 진행했다. 욕할 때와 안 할 때의 결과를 비교해봤다. 결과는 욕할 때 힘이 더 세졌다. 욕하면서 자전거를 탔을 때 힘이 1.5배 더 셌고, 욕하면서 악력기를 쥐었을 때 힘은 평균 2.1킬로그램 더 강했다. 2017년의 발표다.● 그 후로도 비슷한 실험이 진행되었는데 결론은 비슷했다.

    실험 결과만 보자. 욕설을 뱉으면 힘이 더 세지는 게 확실해

● 《조선일보》 2017년 5월 15일자 기사 참고. https://www.chosun.com/site/data/html_dir
/2017/05/15/2017051502806.html

보인다. 억지 주장이 아니다. 실험의 통계가 그렇게 말한다. 신체의 물리적 화학적 메커니즘을 규명해 밝힌 결론은 아니다. 하지만 근거가 없는 것도 아니다. 실험 데이터와 통계를 근거로 했다.

그런데 통계 데이터만으로 욕설을 하면 힘이 더 세진다고 결론을 낼 수 있을까? 통계 데이터가 있으니 막무가내로 그 결론을 무시할 수는 없다. 그렇다고 고작 29명과 54명의 대상자를 바탕으로 한 주장을 그대로 받아들이는 것도 좀 찜찜하다.

통계 데이터를 통해 주장을 제시하는 방식은 이제 일반적이다. 여론조사니 가설검정이니 하는 것들이 다 이런 식이다. 근거가 없는 건 분명 아니지만, 100퍼센트 확신할 정도의 근거를 갖춘 것도 아니다. 이러지도 저러지도 못할 때가 많다.

통계에 대한 통찰이 필요하다. 뭔가를 주장하기 위해 통계를 적극 활용하는 시대이기 때문이다. 데이터를 처리하는 방법, 평균이나 표준편차 같은 통계 지표 그리고 그 지표를 해석할 줄 아는 요령을 갖춰야 한다. 평균이나 표준편차를 계산하는 방법 위주로만 공부해서는 부족하다. (그렇게만 배우면 어렵고 재미가 없다.) 데이터부터 해석에 이르기까지 통계의 전반적 과정을 제대로 이해해볼 필요가 있다.

통계에 영향을 받는 모습은 참으로 지적인 사람의 특징이다.

It is the mark of a truly intelligent person to be moved by statistics.

—

극작가 조지 버나드 쇼(George Bernard Shaw, 1856~1950)

02

확률 좀 아는
인간의 시대

비가 올 확률, 복권에 당첨될 확률, 연애를 할 확률 등 확률에 관한 이야기는 이제 일상이 돼버렸다. 어떤 사건 옆에는 관련된 확률이 나란히 실려 있는 경우도 많다. 이렇게 바뀐 지는 오래되지 않았다. 확률이 일상화되기까지, 확률을 좀 아는 인간이 유리한 시대가 되기까지 많은 변화가 있었다.

확률 좀 아는
인간들의 시대!

>

　미국의 컨설팅회사에 다니던 평범한 회사원이 있었다. 그는 카지노와 포커판을 기웃거리더니 수십만 달러를 긁어모았다. 굳이 회사를 다닐 필요가 없다고 판단한 그는 회사를 그만두었다. 지금은 미국의 대표적인 미래 예측가로 인정받으며 활동 중이다. 한때《타임스》에서 선정하는 '전 세계에서 가장 영향력 있는 100인'에 뽑히기도 했다. 그는 네이트 실버(Nate Silver, 1978~)다.

　그의 성공 비결은 무엇이었을까? 현실을 초월하는 신통방통한 능력이 아니었다. 현실에서 벌어지는 일을 근거로 한 통계와 확률이었다. 통계를 통해 확률을 계산했고, 그 확률에 따라 앞날을 예측했다. 2008년 미국 대통령 선거와 상원의원 선거, 2012년 미국 대통령 선거를 정확히 예측하여 사람들을 깜짝 놀라게 했다. 책『신호와 소음』은 그의 관점과 방법론을 담고 있다. 신호와 소음을 잘 구별하라는 메시지가 담긴 책이다.

　수학에 재능이 있어 수학 교수가 된 사람이 있다. 학생들을 가르치는 평범한 교수로 평생을 보낼 수 있었으나 그러지 않았다. 그는 수학을 현실에 응용하는 데 관심을 가졌다. 여기에서 현실이란 돈 놓고 돈을 먹는 살벌한 곳, 도박판과 주식시장이었다.

그는 '도박의 일종인 블랙잭에서는 플레이어가 이길 수 있다'는 내용의 논문을 미국수학회에 제출했고 실제로 도박판에 뛰어들었다. 그는 정말 돈을 벌었을까? 그랬다! 그는 통계와 확률이 적용된 카드 카운팅이라는 기법을 활용해 돈을 벌었다. 다른 사람으로부터 투자를 받아 진행될 정도로 규모가 커졌다. 카지노에서 그가 벌인 행적은 한 편의 영화가 되었다. 〈21〉이라는 영화다. 1962년에는 『딜러를 이겨라』라는 책을 썼고 베스트셀러가 되었다.

카지노를 휩쓴 후 그는 활동 무대를 주식시장으로 옮겼다. 그곳에서도 성적이 아주 좋았다. 그는 정량적 방법으로 시장을 분석했다. 그런 방법으로 투자하는, 퀀트 투자의 아버지로 불리게 되었다. 나중에 펀드를 조성해 주식에 투자했는데, 30년 가까운 기간의 연평균 수익률이 약 20퍼센트에 달했다. 그의 놀라운 성과에는 통계와 확률이 자리 잡고 있었다. 그의 이름은 에드워드 소프(Edward O. Thorp, 1932~)다.

세상 자체가, 세상에 대한 인식 자체가 확률 중심으로 바뀌고 있다. 확률을 잘 아는 인간이 성공하기에 유리한 시대다. 호모 프라버빌리스의 시대다(확률의 라틴어인 probabilis로 만들어본 단어다).

1부_ 확률과 통계를 왜 배울까?

통계학에서 잡음을 신호로 오인하는 행위에 붙여진 이름은
과적합이다.

In statistics, the name given to the act of mistaking noise
for a signal is overfitting.

—

통계학자 네이트 실버(Nate Silver, 1978~)

확률이
사람 잡네

〈

2001년 네덜란드에서는 13건의 연쇄 살인 범인으로 루시아 더 베르크라는 여성이 붙잡혔다. 어린아이들을 대상으로 한 살인이었다. 네덜란드 역사상 최악의 살인사건이라며 온 나라가 떠들썩했다. 그녀에게는 '죽음의 천사'라는 별명이 붙었다. 그녀의 직업이 백의의 천사로 불리는 간호사였기 때문이다. 그녀는 종신형을 선고받고 감옥에 갇혔다.

그녀가 그런 살인을 벌였다는 확실한 증거는 하나도 없었다. 그럴 수도 있었겠다는 정황 증거뿐이었다. 그런데도 종신형을 선고받았다. 그런 판결을 이끌어낸 근거 중 하나는 확률이었다. 확률이 재판부에게 그녀가 범인이라는 확신을 심어주었다. 그 확신이 정황 증거만을 가지고 유죄를 선고하게 했다.

2001년 그녀가 근무했던 병원에서 생후 6개월 된 아이가 사망했다. 태어나면서부터 몸이 좋지 않던 아이다. 병원에서도 처음에는 자연사로 기록했다. 그런데 그녀가 아이의 사망 현장에 너무 자주 있었다는 제보가 있었다. 조사를 해보니 정말 그랬다.

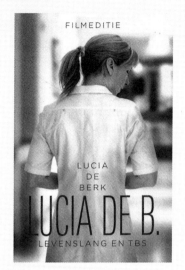

영화 〈피의자〉

13명의 연쇄살인자로 몰렸던

루시아 더 베르크의 사건을 다룬 영화다.

일어날 확률이 드문 사건이었기에 영화로 다뤄졌다.

(막상 영화에서는 확률에 대한 이야기가 없다.)

병원이나 법원 모두 그 사실에 주목했다.

이때 확률이 등장했다. 병원과 법원 측에서는 확률을 따져봤다. 평범한 간호사가 그녀처럼 자주 사망 현장에 있을 확률이 어느 정도나 되는지를 계산했다. 병원 측의 결과는 70억 분의 1이었고, 법원 측의 결과는 3억 4200만 분의 1이었다. 극히 낮은 확률이었다. 우연히 일어났다고 보기 힘들다고 결론을 내렸다. 이 확률이 재판의 흐름을 좌우했다.

그녀는 진짜 살인범이었을까? 10년이 지난 2010년에 재판이 다시 진행되었다. 사건에 대한 수사와 재판의 오류들이 지적되었다. 통계는 조작되었고, 확률은 잘못 계산되어 있었다. 그녀가 범인일 거라는 확증편향 때문이었다. 결국 그녀는 무죄판결을 받았다.

확률은 분명 유용하다. 완전한 해답은 아니지만, 선택과 판단에 많은 도움을 준다. 하지만 확률은 사람의 눈과 생각을 멀게 하기도 한다. 확률이 사람을 살리는 게 아니라 사람을 잡는 경우도 흔하다.

>

우리나라의 복권인 로또는 매회 총 6개의 당첨번호를 선정한다. 45개의 숫자 중에서 6개를 고르는 것이다. 그중 하나가 당첨되기에 당첨 확률은 $\dfrac{1}{_{45}C_6}$이다. ($_{45}C_6$가 무엇인지는 나중에 다루겠다.) 대략 800만 분의 1이다.

어떤 일이 일어날 확률이 800만 분의 1이라면, 아마도 당신은 그런 일이 거의 일어나지 않을 거라고 판단할 것이다. 돈을 걸라고 한다면 걸지 않을 게 분명하다. 사실상 그 일이 일어난다는 것은 불가능하니까! 하지만 그런 일은 매주 일어나고 있다. 매주 몇명의 당첨자가 탄생한다. 불가능에 가까운 확률이라지만, 그런 일이 벌어지고 있다.

확률과는 다르게 일이 벌어지는 경우는 흔하다. 2022년 7월 31일 미국에서는 역사상 세 번째로 많은 당첨금을 받게 될 행운아가 결정되었다. 당첨금이 그렇게 많아진 이유는, 29회나 당첨자가 나오지 않았기 때문이다. 당첨금이 누적되어 그 규모가 13억 3,700만 달러에 달했다. 확률적으로 드문 사례였다. •

정반대 사례도 있다. 호주에 사는 한 남성은 심장마비로 사망 선고를 받고 14분 후에 되살아났다. 이후 그는 복권에 당첨되었고, 그 사연으로 TV에도 출연했다. 출연 도중에 그는 자신의 행적을 재현한다면서 즉석복권을 또 샀다. 그런데 그 복권이 또 당첨되었다.**

확률과 현실은 다르다. 현실이 확률대로 돌아가는 건 아니다. 그렇다고 확률이 현실과 무관한 것도 아니다. 확률을 깊게 이해할 필요가 있다. 그래야 확률을 제대로 써먹을 수 있다.

• 《머니투데이》 2022년 7월 31일자 기사 참고. https://news.mt.co.kr/mtview.php?no=2022073113422817001
•• 《인사이트》 2018년 3월 24일자 기사 참고. https://www.insight.co.kr/news/146568

의학은 불확실성의 과학이자 확률의 예술이다.

Medicine is a science of uncertainty and an art of probability.

—

의사 윌리엄 오슬러(William Osler, 1849~1919)

확률, 제대로 아는
인간이 되자!

<

　"두 개의 동전을 던졌을 때 앞면이 적어도 하나 이상 나올 확률은 $\frac{2}{3}$이다."

　18세기 프랑스의 수학자로 유명한 달랑베르(Jean-Baptiste le Rond d'Alembert, 1717~1783)의 계산이다. 맞을까? 두 개의 동전을 던졌을 때 나올 수 있는 경우의 수는 총 4가지다. 앞면을 ㅇ, 뒷면을 ㄷ이라 하면, (ㅇ, ㅇ), (ㅇ, ㄷ), (ㄷ, ㅇ), (ㄷ, ㄷ)까지 네 가지 상태가 된다. 앞면이 적어도 하나 이상 있는 경우는 (ㅇ, ㅇ), (ㅇ, ㄷ), (ㄷ, ㅇ)으로 세 가지다. 확률은 $\frac{3}{4}$이다.

　그런데 달랑베르는 그 확률이 $\frac{2}{3}$라고 했다. 18세기의 꽤 유명한 수학자가 이렇게 단순한 문제의 확률을 제대로 계산하지 못했다. 하지만 단순한 실수나 착오가 아니었다. 정말 그렇게 생각했다. 달랑베르는 (ㅇ, ㄷ)과 (ㄷ, ㅇ)을 하나의 경우로 취급했다. 그러면 전체 경우의 수는 3이고, 앞면이 하나 이상인 경우의 수는 2이다. $\frac{2}{3}$라는 틀린 확률은 그렇게 만들어졌다.

생일이 같은 사람이 있을 확률은? 23명이 있다. 생일이 같은 사람이 적어도 한 명 있을 확률은? 얼핏 생각하면 극히 드물 것 같다. 하지만 확률은 50% 정도다. 아무리 봐도 그럴 리 없을 것 같지 않은가? 우리의 직관적인 뇌로는 숨어 있는 경우의 수를 보지 못한다.

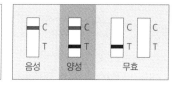

양성일 때 질병에 걸렸을 확률은? 1,000명 중 한 명이 걸리는 병이 있다. 검사법이 있는데 신뢰도가 95%다. 병에 걸린 사람의 95%를 진단해낸다. A가 이 검사를 했더니 양성이 나왔다. A가 그 질병에 걸렸을 확률은? 95%라고 생각한다면 틀렸다. 실제로는 2% 정도다. 의학 관련 전문가들도 잘못 알고 있는 경우가 많았다.

달랑베르의 사례는 확률을 계산하는 게 얼마나 힘든 일인가를 말해준다. 계산 과정이 어렵다는 게 아니다. 해당 사건을 분석해 경우의 수를 헤아리는 게 어렵다. 그 과정에서 사람들이 착각을 많이 한다.

사람에게 확률 계산이 얼마나 어려운가를 잘 보여준 사건이 있다. 미국의 TV 프로그램에서 실제 벌어졌던 몬티홀 문제다. 이 문제를 두고 영화와 같은 싸움이 벌어졌다. 17 대 1로 싸웠다는 말처럼, 한 명의 수학자가 대다수의 수학자와 미국인을 상대로 논쟁을 벌였다.

주인공은 세계 최고 IQ 기록 보유자였던 메릴린 사반트(Marilyn vos Savant, 1946~)였다. 몬티홀 문제에 대한 그녀의 풀이를 1,000명

확률의 난해함을 보여준, 몬티홀 문제

세 개의 문이 있다.

두 개의 문 뒤에는 염소, 한 개의 문 뒤에는 자동차가 있다.

진행자는 그 위치를 알고 있다. 참가자는 원하는 문 하나를 고른다.

진행자는 나머지 문 중에서 염소가 있는 문을 열어 보여준다.

그러고 참가자에게 말한다.

"기회를 드리겠습니다. 문을 바꾸시겠습니까?"

참가자는 문을 바꾸는 게 더 유리할까 아니면 상관이 없을까?

어차피 둘 중 하나이니 확률은 똑같아. 상관없어!

이렇게 말한다면 당신은 확률을 더 공부해야 한다.

왜? 바꾼다면 자동차를 탈 확률이 2배로 높아지니까!

의 박사들과 92퍼센트의 미국인이 틀렸다고 비판했다. 하지만 결과적으로는 그녀의 풀이가 맞았다. 확률을 정확히 계산한다는 게 얼마나 어려운가를 잘 보여준다.

확률의 개념이나 의미를 제대로 이해하는 건 생각보다 어렵다. 확률을 제대로 계산하는 과정 또한 쉽지 않다. 이러나저러나 확률은 사람에게, 더 구체적으로는 사람의 뇌에 무척 버거운 활동이다. 실제로 확률은 수학의 역사에서 매우 늦게 탄생했다. 16세기 이후 사람들의 편견을 조금씩 깨트리며 정립되어왔다.

확률이 여기저기서 등장하는 시대다. 좋든 싫든 확률을 접하며 살아가야 한다. 확률을 피해갈 도리는 없다. 언젠가는 한 번쯤 제대로 사귀어봐야 한다. 지금이 바로 그때다. 확률 좀 아는 인간인 호모 프라버빌리스가 되어보자!

2부

확률과 통계,
무엇일까?

03

**티끌을 모으며
통계는 시작된다**

통계란 단순히 데이터를 모으는 게 아니다. (모아 놓는다고 해서 온전한 통계가 되는 것도 아니다.) 윤기가 좔좔 흐르는 밥을 먹으려 할 때도 씻기부터 뜸 들이기까지 과정이 있듯이, 통계에도 일련의 과정이 있다. 어떤 과정이 있는지 실례를 통해 들여다보자.

비 오는 날, 정말
밀가루 음식을 많이 찾을까?

>

비 오늘 날에는 라면이나 수제비, 김치전 같은 밀가루 음식을 더 찾는다! 사람들 사이에서 정설처럼 떠도는 말이다. 그 이유에 대한 심리적, 생리적, 진화적 분석까지 더해지곤 한다. 정말 그런 이유가 타당한 걸까? 그 이유에 대해서는 의문점으로 남겨두자. 우리는 비 오는 날 실제로 사람들이 밀가루 음식을 더 찾는지를 통계로 확인해보자.

어떤 통계가 비 오는 날과 밀가루 음식 사이의 관계를 잘 보여줄까? 그 사실을 입증 또는 반증해줄 법한 데이터를 우선 선정해야 한다. 통계의 출발은, 어떤 데이터를 수집할 것인가를 결정하는 것이다.

비 오는 날 사람들이 밀가루 음식을 더 많이 먹는지 확인하면 된다. 밀가루 음식을 파는 식당의 판매량 데이터가 가장 적절할 것이다. 비가 온 날과 비가 오지 않은 날의 판매량을 비교해본다. 한두 개의 데이터로는 부족하다. 비가 오지 않은 날 단체 손님이 와서 판매량이 많을 수도 있고, 비가 너무 많이 와 손님이 아예 오지 못한 경우가 있을 수도 있다. 그렇게 특이한 경우를 충분히 포용할 수 있도록 데이터가 많아야 한다.

그런데 우리에게는 밀가루 음식을 판매하는 곳의 판매량 데이터가 없다. 그렇다고 한 식당을 잡아 매일 음식을 먹으며 손님 수를 직접 조사해보자니 돈도 시간도 너무 많이 든다. 다른 방법을 찾아보자.

인터넷을 통해 접근 가능한 데이터면 좋을 것이다. 어떤 데이터가 가장 적절할까? 현실적 여건과 처지, 제기하고자 하는 주장을 감안해 가장 적절한 데이터를 선정해야 한다. 그 작업이 통계의 시작이다.

인터넷 검색량 데이터가 있다

우리에게는 인터넷이 있다. 특히 검색 키워드는 사람들의 관심사나 상황을 실시간으로 잘 보여준다. 검색 키워드의 조회 수만 봐도 사람들의 눈과 손이 어디를 향하고 있는가를 아주 정확히 파악할 수 있다. 구글이 검색 키워드를 통해 독감이 퍼지고 있는지를 정부보다 더 빠르게 알아냈다는 일화는 유명하다. 친구나 가족도 모르는 사실을 눈치채고 적절한 상품을 광고해준다는 이야기는 이제 자연스러워졌다.

인터넷 검색 키워드를 활용해보자. 기상청에는 오랜 기간의 강수량 데이터가 있다. 그 데이터를 보면 언제 비가 왔고 안 왔는가를 알 수 있다. 비가 올 때와 안 올 때 사람들의 검색 키워드는 달라질 것이다. 비 오는 날 밀가루 음식이 당긴다면, 밀가루 음식과 관련된 키워드의 검색량이 더 많지 않을까?

김치전은 밀가루 음식의 대명사다. 그러니 일단 기상청 데이터를 통해 비가 온 날과 안 온 날을 구분하자. 그리고 각 날마다 '김치전'이라는 키워드의 검색량이 어느 정도나 되는지 비교해보

자. 비가 올 때마다 김치전이란 말의 검색량이 얼마나 달라지는 가를 확인해보는 것이다.

비 온 날과 김치전 키워드의 검색량 비교, 적절한가? 데이터 선정이 적절한지 충분히 검토해야 한다. 그런데 문제점이 보인다. 비는 지역에 따라 오기도 하고 안 오기도 한다. 하지만 김치전 키워드의 검색량은 전국적이다. 비 오는 지역에서 검색한 것인지 아닌지를 구분할 수 없다.

검증을 위해서는 데이터의 대상이 동일해야 한다. 같은 사람들을 대상으로 해서 비가 올 때와 안 올 때의 김치전 검색량을 비교해야 한다. 그러므로 기상청의 강수량 데이터는 비 오는 날이 언제였는가를 정확하게 보여주는 데이터라고 보기 어렵다.

나는 영광과 꿈을 믿지 않는다. 나는 통계를 믿는다.

I don't believe in the glory and the dream. I believe in statistics.

—

저술가 에이미 젠트리(Amy Gentry)

'비 오는 날 음식'과
'김치전' 키워드

〈

'비 오는 날 음식'이라는 키워드는 어떨까? 물론 사람들은 평상시에도 검색해보기는 할 것이다. 정말인가 궁금하거나, 비가 올 것 같아 미리 알아보려고 말이다. 하지만 비가 온다고 느끼는 사람들이 더 많이 검색할 것이다. 그 가정이 맞는다면, '비 오는 날 음식'이란 키워드의 검색량은 비 오는 날인가 아닌가를 잘 보여주는 데이터일 것 같다.

어떤 데이터를 살펴볼 것인지 결정했다. 비 오는 날에 대한 데이터로 '비 오는 날 음식'이라는 키워드의 검색량을 선정했다. 그 검색량은 분명 전국적이다. 비가 오는 지역의 비율을 그대로 반영한다. 밀가루 음식에 대한 데이터로는 '김치전'이라는 키워드를 선정했다.

'비 오는 날 음식'과 '김치전'이라는 키워드의 검색량을 살펴볼 것이다. 만약 두 데이터가 비슷한 패턴으로 변화한다면, 두 데이터는 깊은 관계가 있다. 반대로 두 데이터에 아무런 패턴도 없다면, 비가 오는 것과 밀가루 음식은 별 상관이 없다.

다음은 어느 사이트에서 발표한, 우리나라를 대표하는 포털

사이트의 2022년 7월의 '비 오는 날 음식' 검색량이다. 순서대로 1일부터 31일까지의 데이터다.[*]

80	50	170	210	220	200	430	300	50	80
760	180	6070	130	90	240	100	2140	70	100
790	180	970	340	10	20	20	60	40	300
2790									

크기에 차이가 많다. 뭔가의 영향을 많이 받는다는 뜻이다. 특히 눈에 띄는 데이터가 있다. 13일의 6070회, 18일의 2140회, 23일의 970회, 31일의 2790회다.

이 데이터가 정말 비 오는 날이 언제였는가를 보여주는 걸까? 기상청과 뉴스를 통해 해당 날짜의 데이터를 확인해보라. 특정 지역 또는 전국적으로 비가 많이 온 날이다. 검색량이 가장 많았던 날인 13일에는 가장 많은 비가 왔다. '비 오는 날 음식' 키워드의 검색량이 비가 왔는지의 여부를 잘 보여준다. 이제는 '김치전' 키워드의 검색량을 확인해보자.

2022년 7월의 '김치전' 키워드 검색량이다. 데이터의 출처

● 　블랙키위, blackkiwi.net 데이터 참고.

990	1070	1410	1190	1190	1010	1360	1160	980	1130
1670	1070	7000	1370	940	1130	1300	2870	970	930
1600	1150	2000	1860	980	850	860	860	830	1270
3970									

는 동일한 사이트다. 1일부터 31일까지의 31개 데이터다. 13일의 7000회, 18일의 2870회, 23일의 200회, 31일의 3970회가 눈에 확 띈다. 이 날들은 '비 오는 날 음식' 키워드의 검색량에서 눈에 띄는 날과 정확하게 일치한다. 13일, 18일, 23일, 31일이다. 둘 사이에 깊은 관계가 있다는 뜻이다. 둘 사이의 일정이나 움직임이 비슷해 지는 연인처럼 끈끈한 관계에 있다.

>

수치 데이터만 보면 뭐가 뭔지 바로 알기 어렵다. 그래프로 그려보자. 그래프는 그림이기에, 데이터가 전해주는 의미를 보다 한눈에 보여준다. 각 날짜별 검색량을 막대 모양으로 표시해놓은 게 막대그래프다.

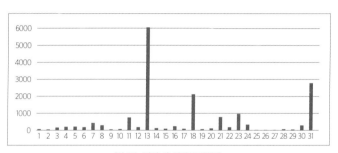

'비 오는 날 음식' 키워드 검색량

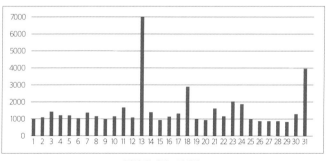

'김치전' 키워드 검색량

막대그래프의 맨 위를 점으로 찍어 연결하면 선 그래프가 된다. 데이터의 크기 변화가 한눈에 들어온다.

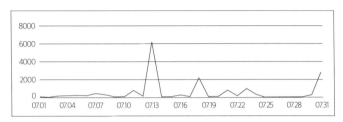

'비 오는 날 음식' 키워드 검색량

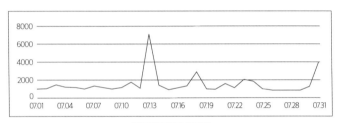

'김치전' 키워드 검색량

두 그래프를 보라. 그래프의 모양이 거의 똑같다고 해도 될 정도로 유사하다. 툭 튀어나온 점의 위치나 높이도 거의 일치한다. 얼핏 보면 같은 그래프 같다. 두 데이터는 깊은 관련성이 있음이 틀림없다.

대부분의 데이터들은 그 크기가 비슷하다. 몇 개의 튀는 데이터가 있는데, 그 크기가 확 차이 난다. 어떤 사건의 유무 때문일 것이다. 아마도 비가 왔느냐 안 왔느냐의 차이가 아닐까? 평범한 데이터들은 비가 오지 않은 날의 데이터이고, 튀는 데이터들은 비가 온 날의 데이터일 것 같다. 정밀한 분석이 필요하다.

나는 스페이스X가 나 없이 임무를 계속할 확률을 극대화하는
세상을 만들려고 노력하고 있다.

I'm trying to construct a world that maximizes the probability that
Space-X continues its mission without me.

—

기업가 일론 머스크(Elon Musk, 1971~)

>

가장 기초적인 데이터를 찾아봤다. 같은 사이트에서 집계되고, 전국을 대상으로 한 데이터다. 나열만 되어 있다. 이제는 정리와 분류의 시간이다. 가장 일반적인 방법은 구간을 나눠 데이터의 개수를 보여주는 것이다.

'비 오는 날 음식' 키워드 검색량은 최솟값이 10이고 최댓값이 6070회다. '김치전' 키워드 검색량은 최솟값이 850이고 최댓값이 7000회다. 각 데이터를 몇 개의 구간으로 나누고, 각 구간에 속한 데이터의 개수를 정리하면 다음과 같다.

계급(회)	도수	상대도수
10~1020	28	0.903 (90.3%)
1020~2030	0	0
2030~3040	2	0.065 (6.5%)
3040~4050	0	0
4050~5060	0	0
5060~6070	1	0.032 (3.2%)
합계	31	1 (100%)

'비 오는 날 음식' 키워드 검색량

계급(회)	도수	상대도수
830~1860	27	0.871 (87.1%)
1860~2890	2	0.065 (6.5%)
2890~3920	0	0
3920~4950	1	0.032 (3.2%)
4950~5980	0	0
5980~7010	1	0.032 (3.2%)
합계	31	1 (100%)

'김치전' 키워드 검색량

두 데이터는 역시나 유사한 패턴을 갖고 있다. 대부분의 데이터들은 특정 구간에 포함되어 있다. 그 구간이 아닌 구간에 있는 나머지 데이터들의 크기는 특정 구간의 데이터들과 큰 차이가 난다.

이와 같은 표를 도수분포표라고 한다. 도수란 횟수 또는 개수다. 각 구간에 해당하는 데이터가 몇 개나 되는가를 알려준다. 각 도수를 모두 더한 합계는 데이터 전체의 개수와 같아야 한다. 각 구간을 계급이라고 한다. 도수분포표를 그래프로 그려놓은 게 히스토그램이다.

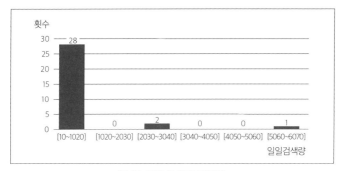

'비 오는 날 음식' 키워드 검색량

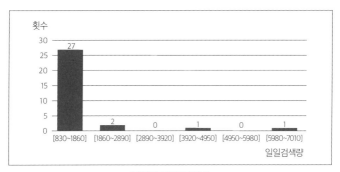

'김치전' 키워드 검색량

히스토그램의 가로축은 계급이고, 세로축은 각 계급의 도수다. 그 도수에 따라 직사각형의 크기가 결정된다. 그 직사각형의 넓이는 도수에 비례한다.

나는 진실을 제외한 어떤 것도 통계로 증명해낼 수 있다.

I can prove anything by statistics except the truth.

—

정치인 조지 캐닝(George Canning, 1771~1827)

>

　도수분포표가 주어지면, 각 구간이 전체에서 몇 퍼센트 정도를 차지하는지도 계산된다. 각 계급의 도수를, 도수의 총합으로 나눠주면 된다. 각 구간의 도수를 31로 나눠주면, 각 구간이 차지하는 퍼센트를 구할 수 있다. 그 값을 상대도수라고 한다. 전체 도수에서 각 구간의 도수가 차지하는 상대적 크기를 뜻한다.

　상대도수의 전체 합은 1, 즉 100퍼센트다. '비 오는 날 음식' 키워드의 90퍼센트 정도가 한 구간에 몰려 있다. 6개 구간 중 한 구

구간	상대도수
10~1020회	0.903 (90.3%)
1020~2030회	0
2030~3040회	0.065 (6.5%)
3040~4050회	0
4050~5060회	0
5060~6070회	0.032 (3.2%)
합계	1 (100%)

'비 오는 날 음식' 키워드 검색량

구간	상대도수
830~1860회	0.871 (87.1%)
1860~2890회	0.065 (6.5%)
2890~3920회	0
3920~4950회	0.032 (3.2%)
4950~5980회	0
5980회~7010회	0.032 (3.2%)
합계	1 (100%)

'김치전' 키워드 검색량

간이 차지하는 비중이 매우 크다. '김치전' 키워드는 2000회까지의 데이터가 거의 90퍼센트를 차지한다. '비 오는 날 음식' 키워드와 조금 차이는 있지만, 전체 분포는 매우 유사하다.

상대도수를 사용하면, 데이터를 비교하기가 좋다. 데이터의 규모가 다른 자료를 더 객관적으로 비교하게 해준다. 각 구간의 비중을 자연스럽게 비교할 수 있다. 그렇게 하기 위해서 데이터 전체를 1로 맞췄다. 기준이 같기에 비교를 할 수 있다.

상대도수는 확률과 연결된다. 상대도수는 각 도수를 전체 도수로 나눈 값이다. 부분을 전체로 나눈 값이기에, 상대도수는 확률과 같다. 어느 데이터가 그 구간에 속할 확률이 된다. 통계와 확률은 그렇듯 자연스럽게 연결된다.

아마도 우리는 학생들에게

확률 이론과 투자 위험 관리를 가르쳐야 할 것이다.

Maybe we should teach schoolchildren

probability theory and investment risk management.

—

교수 앤드루 로(Andrew Lo, 1960~)

04

데이터를 말로
바꾸어야
통계는 끝난다

티끌을 모으며 통계는 시작된다. 하지만 태산이 되었다고 해서 통계가 끝나는 건 아니다. 무의미의 세계에서 의미를 캐내는 시인처럼, 통계는 태산처럼 모인 데이터에서 의미를 캐내야 한다. 데이터가 전해주는 그 의미를 말로 바꿀 때 통계는 비로소 끝난다.

데이터 무더기를
하나의 수로!

$>$

비와 김치전 사이의 관계를 알아보기 위해 수집한 데이터는 각각 31개였다. 2022년 7월 한 달간의 검색량 데이터였다. 일이 있을 때마다 데이터 전부를 보여준다면 번거로울 것이다. 간단히 수치 하나로 대변할 수 있다면 무척 편리할 것이다. 그래서 대푯값이 필요하다.

대푯값은 어떤 데이터들을 대표하는 하나의 값이다. 평균, 중앙값, 최빈값이 대표적이다. 평균은 데이터 전체를 더해서 전체 개수로 나눈 값이다. 각 데이터를 같은 값으로 바꾼다고 할 때 그 값이 평균이다. 중앙값은 데이터를 크기순으로 배치했을 때 한가운데 위치하는 값이다. 최빈값은 데이터 중에서 가장 자주 출현하는 값이다.

'비 오는 날 음식'과 '김치전' 키워드 검색량의 대푯값을 구해보자. 평균을 구하려면 31개 데이터를 모두 더해서 31로 나눈다. 중앙값과 최빈값을 구하려면 데이터를 크기 순서대로 배열한다. 열여섯 번째에 배치된 데이터가 중앙값이다. 가장 자주 반복되는 데이터가 최빈값이다. 실제 대푯값은 다음과 같다.

	'비 오는 날 음식' 검색량	'김치전' 검색량
평균	554	1515
중앙값	180	1150
최빈값	20, 50, 80, 100, 180, 300	860, 980, 1070, 1130, 1190

두 개의 데이터 모두 대푯값 세 개가 상당히 다르다. '김치전' 키워드 검색량 데이터는 대푯값들이 서로 가까운 편이다. 데이터의 분포 상태 때문이다. 데이터가 평균을 중심으로 골고루 분포되어 있다면, 평균이나 중앙값은 비슷하기 마련이다.

위 데이터들은 평균이 중앙값보다 훨씬 크다. 도수분포표나 히스토그램을 보면 그 이유를 짐작할 수 있다. 대부분 데이터는 낮은 계급에 몰려 있다. 그래서 중앙값은 낮다. 하지만 특이한 데이터 몇 개가 대단히 크다. 그 데이터로 인해 평균이 높아졌다. 데이터의 분포가 평균과 중앙값의 차이를 만든다.

위 데이터에서 최빈값은 큰 의미를 가지지 않는다. 최빈값이라지만 2회 정도밖에 나타나지 않았다. 대푯값으로서의 가치가 약하다.

도수분포표를 보고서도 대푯값을 구할 수 있다. 계급을 대표하는 값인 계급값을 설정하면 된다. 각 계급값이 각 계급의 도수만큼 있다고 생각하고 계산하면 된다. 그 값들을 모두 더해서 전체 도수의 크기로 나눠주면 평균이 된다. 중앙값이나 최빈값은, 계급값이 도수만큼 반복되는 것으로 배치해서 결정하면 된다.

데이터의 분포 상태를,
하나의 수치로!

〈

'비 오는 날 음식'과 '김치전'의 키워드 검색량 데이터는 분포 상태가 고르지 않았다. 대부분이 특정 구간에 쏠려 있고, 몇 개의 튀는 데이터는 에베레스트산처럼 불쑥 솟아 올라 있다. 이런 분포 상태를 무시한 채 평균이나 중앙값만으로 데이터들을 평가한다면 제대로 된 평가라 할 수 없다.

데이터의 분포 상태 또한 통계에서 매우 중요한 요소다. 데이터가 어떻게 분포하고 있는지만 알면, 특정 데이터가 전체 중 어느 정도에 위치해 있는가를 추측할 수 있다. 전체의 분포 상태를 알면 각 부분의 위치나 중요도를 알게 된다. 그래서 수학에서는 데이터가 분산된 정도를 '산포도'로 따로 정의한다.

산포도의 대표적 지표로 분산과 표준편차가 있다. 둘 다 데이터들이 대푯값으로부터 어느 정도나 떨어져 있는가를 알려준다.

데이터의 흩어진 정도, 분산

>

데이터 하나가 평균에서 떨어진 정도를 편차라고 한다. '김치전' 키워드의 검색량 평균은 1515회였다. 이때 2000의 편차는 2000−1515=485이다. 평균으로부터 485 떨어져 있다는 뜻이다. 각 데이터의 편차를 이용하면 데이터의 흩어져 있는 정도를 나타낼 수 있지 않을까?

그러나 각 데이터의 편차를 단순히 더하면 그 합은 0이 된다. 평균보다 큰 데이터들의 편차는 양수, 평균보다 작은 데이터들의 편차는 음수이기 때문이다. 결국 양수와 음수가 상쇄되어 0이 된다.

그래서 각 편차를 제곱해버린다. 제곱하면 모든 값이 양수가 된다. 그 편차의 제곱에 대한 평균을 구하는 것이다. 그러면 데이터의 흩어진 정도에 따라 그 평균값이 달라진다. 넓게 분포할수록 편차의 제곱의 평균은 커진다. 그 값을 '분산'이라고 한다. 제곱의 평균이라는 표시로 σ^2이라 표기한다.

예를 들어 본문 76쪽의 데이터를 보자. 데이터들의 평균은 5이다. 각 편차를 구한 후 제곱해 더하면 46이다. 그 값을 전체 도수인 6으로 나눈 값은 $\frac{46}{6}$, 약 7.666이 분산이다.

데이터	3	5	9	1	4	8	평균은 5
편차	-2	0	4	-4	-1	3	편차의 합은 0
편차의 제곱	4	0	16	16	1	9	편차의 제곱의 합은 46

n개의 데이터가 x_1, x_2, x_3, $\cdots$ x_{n-1}, x_n이라고 하자. 평균과 분산은 다음과 같이 표현된다.

$$평균\ m = \{x_1 + x_2 + x_3 + \cdots + x_{n-1} + x_n\} \div n$$
$$분산\ \sigma^2 = \{(x_1-m)^2 + (x_2-m)^2 + (x_3-m)^2 +$$
$$\cdots + (x_{n-1}-m)^2 + (x_n-m)^2\} \div n$$

분산이 크다는 것은, 데이터들이 넓게 분포되어 있다는 뜻이다. 데이터들이 평균 가까이에 분포되어 있다면, 분산은 작아진다. 분산은 데이터가 흩어져 있는 정도를 표현한다. 하나의 수치지만, 수 여러 개의 특성을 보여준다. 공식을 이용해 '비 오는 날 음식'과 '김치전'의 키워드 검색량들의 분산을 구하면 아래와 같다.

'비 오늘 날 음식' 검색량들의 분산: 1421905.591

'김치전' 검색량들의 분산: 1450052.473

분산의 수치 크기를 줄이자, 표준편차

$>$

그런데 분산의 값은 크다. 분산을 구하는 과정에서 제곱이 포함되었기 때문이다. 수치가 크면 어쨌거나 다루기가 불편하다. 데이터의 분산 정도를 보여주면서, 수치가 작으면 훨씬 편리하다. 그래서 분산에 루트($\sqrt{}$)를 씌워 제곱근을 구한다. 그 제곱근으로 데이터의 흩어진 정도를 수치화한다. 그게 표준편차다.

표준편차는 분산의 제곱근이다. (정확히 말하자면 분산의 양의 제곱근이다.) 제곱근이기에 수치가 확 줄어든다. '비 오는 날 음식'과 '김치전'의 키워드 검색량들의 표준편차는 다음과 같다.

'비 오는 날 음식' 키워드 검색량들의 표준편차:

약 1192 ($\sqrt{1421905.591}$)

'김치전' 키워드 검색량들의 표준편차:

약 1204 ($\sqrt{1450052.473}$)

표준편차는 분산의 제곱근이므로, 역시나 데이터의 분포양상을 말해준다. 고로 모든 데이터의 크기가 일정하게 커지거나 달라지더라도 표준편차는 달라지지 않는다. 분포양상이 달라진 건 아니기 때문이다. 데이터들을 점 찍어놓은 그래프 전체가 평행이동한 것과 같기에, 평균은 달라질지언정 표준편차는 같다.

때때로 데이터 과학자의 일은
여러분이 충분히 알지 못할 때를 아는 것이다.

Sometimes the job of a data scientist is to know
when you don't know enough.

·

—

데이터 과학자 캐시 오닐(Cathy O'Neil, 1972~)

데이터의 상관관계도
중요하다

<

우리가 알아내고자 했던 사실이 무엇이었던가? '비 오는 날 정말로 사람들이 밀가루 음식을 더 찾는가?'였다. 그래서 '비 오는 날 음식'과 '김치전' 키워드의 검색량을 분석해보았다. 두 데이터의 상관관계를 알아내는 게 목적이었다.

두 데이터의 상관관계도 파악할 수 있을까? 데이터가 분산된 정도를 표준편차라는 수치로 표현해내듯이 말이다. 가능하다! 그게 산점도, 상관관계, 상관계수다.

산점도는 두 데이터의 관련성을 알아보기 위한 그래프다. 2차원 좌표평면 위에 두 데이터의 순서쌍을 점으로 찍으면 된다. x와 y 사이의 관련성을 알아보려면 x와 y의 데이터들을 순서쌍 (x, y)로 표현한다. 그 순서쌍을 점으로 찍어놓은 게 산점도다. 점이 흩어져 있는(散, 산) 그림(圖, 도)이라는 뜻이다. 영어로는 scatter plot 이다.

산점도를 보면 두 데이터의 상관관계를 알 수 있다. 상관관계란 한 개의 데이터가 증가함에 따라 다른 데이터도 따라 증가하는 정도를 말한다. x가 증가할 때 y도 따라서 증가한다면 x와 y는 양의 상관관계가 있다. x가 증가하는데 y는 역으로 줄어든다면 음의 상관관계가 있다. 증가한다고도 감소한다고도 말하기 어렵다면 상관관계가 없는 것이다.

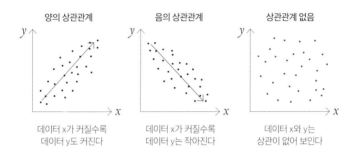

양의 상관관계	음의 상관관계	상관관계 없음
데이터 x가 커질수록 데이터 y도 커진다	데이터 x가 커질수록 데이터 y는 작아진다	데이터 x와 y는 상관이 없어 보인다

양의 상관관계나 음의 상관관계에서 데이터가 직선에 가까울수록, 직선을 중심으로 더 납작할수록 상관관계가 강한 것이다. 한쪽 데이터의 증감이 다른 데이터의 증감에 직접 영향을 미친다.

'비 오는 날 음식'과 '김치전'의 키워드 검색량들의 산점도를 그려보자. 필요한 것은 순서쌍이다. 먼저 날짜별 데이터를 결합해 순서쌍을 만든다. 1일은 (80, 990), 2일은 (50, 1070), 3일은 (170, 1410). 이런 식이다. 이렇게 순서쌍을 만들어 좌표평면 위에 찍으면 다음과 같은 산점도가 얻어진다.

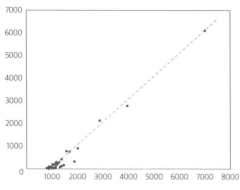

'비 오는 날 음식' 검색량과 '김치전' 검색량의 산점도

　　이 산점도의 모양을 보라. 왼쪽 하단에 대부분의 점이 모여 있다. 그래도 그 경향성은 뚜렷하다. 사선 모양의 직선 형태다. 강한 양의 상관관계를 보이고 있다.

통계학 입문 교과서에서 가장 먼저 배운 것 중 하나는
'상관관계가 인과관계가 아니다'라는 것이다.
그것은 또한 가장 먼저 잊힌 것 중 하나다.

One of the first things taught in introductory statistics textbooks is
that correlation is not causation.
It is also one of the first things forgotten.

—

경제학자 토머스 소얼(Thomas Sowell, 1930~)

상관관계도
수치로!

〈

강하다 약하다 같은 표현은 모호하다. 그 정도를 수치화할 수 있다면 더 좋을 것이다. 그래서 고안해낸 지표가 상관계수다. 상관관계의 정도를 수치로 표현한 것이다.

상관계수는 −1에서 1까지의 값을 갖는다. 1에 가까울수록 양의 상관관계가 강하다. −1에 가까울수록 음의 상관관계가 강하다. 0에 가까울수록 상관관계가 없다. 상관계수를 구하는 공식이나 엑셀 같은 프로그램을 활용하면 상관계수를 쉽게 구할 수 있다.

엑셀을 이용해서 '비 오는 날 음식'과 '김치전'의 키워드 검색량 사이의 상관계수를 구해봤다. 0.9903이었다. 거의 1에 가깝다. 아주 강한 양의 상관관계를 이루고 있다. '비 오는 날 음식'이라는 키워드를 검색하는 정도는, '김치전' 키워드를 검색하는 정도와 거의 비례한다.

비 오는 날, 사람들은
밀가루 음식을 많이 찾는다!

>

비 오는 날, 정말 밀가루 음식을 많이 찾을까? 검색량 데이터로만 보면 '비 오는 날 음식'을 많이 검색할 때, '김치전'도 많이 검색했다. '비 오는 날 음식' 키워드가 비 오는 날을 대변하는 것이 맞는다면, 우리는 결론을 분명하게 내릴 수 있다.

비 오는 날 사람들은 밀가루 음식을 더 많이 찾는다! (키워드 검색으로라도!) 그 정도가 비가 오지 않는 날과 현격히 차이 난다. 비가 오는 날이라면, 밀가루 음식을 파는 식당은 평소보다 많은 재료를 준비해두는 게 좋을 것이다.

05

**확률은
숫자가 보여주는
미래의 점괘**

뉴스에서는 매일 비가 올 확률을 알려준다. 그 뉴스를 듣고 우산을 갖고 나갈지 말지를 가늠한다. 의학계에서는 질병에 대한 확률을 제공한다. 우리나라 사람이 기대수명인 83세까지 살 경우, 암에 걸릴 확률은 38퍼센트란다. • 익숙하다지만 확률에도 종류가 있다. 확률이라고 다 같은 확률이 아니다.

● 《동아일보》 2021년 12월 29일자 기사 참고. https://www.donga.com/news/Society/article/all/20211229/111000587/1

>

도박꾼 A, B가 상금을 걸고 게임을 한다. 먼저 3점을 얻는 사
람이 상금을 모두 가져간다. 현재 점수는 2 대 1, A가 앞서고
있다. 그런데 갑작스러운 사정이 생겨 게임을 더 이상 하지
못하게 됐다. 상금을 어떻게 분배하면 합리적일까?

별것 아닌 것 같은 이 문제가 확률의 관점을 정립하게끔 했
다. 18세기의 일이다. 한 도박사가 수학자에게 의뢰한 문제다. 많
은 사람이 현재 점수를 기준으로 상금을 2 대 1로 분배하자고 했
다. A에게 상금의 $\frac{2}{3}$를, B에게 상금의 $\frac{1}{3}$을 주자는 것이다.

현재까지의 점수를 기준으로 하자는 제안은 합리적인 것처
럼 보인다. 하지만 극단적인 사례를 들어보면 결코 합리적이지
않다. 100점을 얻어야 이기는 게임에서 A 대 B의 점수가 5 대 1
이었다고 치자. 그럼 상금의 $\frac{5}{6}$를 A에게 주어야 한다. 하지만 아
직 95게임이 남아 있다. 승부는 얼마든지 바뀔 수 있다. B의 입장
에서 5 대 1이라는 분배는 결코 합리적이지 않다.

합리적 해결책을 제시한 사람은 수학자인 페르마와 파스칼

이었다. 그들은 편지를 주고받으며 해법을 찾아갔다. 그들의 해법은 지금까지의 결과에 따른 분배가 아니었다. 지금까지 결과를 토대로 하되, 게임을 계속한다고 가정해봤다. 발생 가능한 모든 경우를 따져본 후 A와 B가 승리할 가능성을 계산해봤다. 과거가 아닌 미래로 관점을 돌렸다. 확률이 어느 시점을 향하는가를 정확히 보여줬다.

확률이란, 어떤 사건이 앞으로 일어날 가능성을 말한다. 그 가능성을 수치로 표현해놓은 것이다. 미래의 가능성을 현재까지의 데이터를 통해서 계산한다. 과거를 통해 미래를 내다보는 게 확률이다. 기본적인 계산식은 간단하고 명쾌하다.

$$\text{사건 A가 일어날 확률 p} = \frac{\text{사건 A가 일어날 경우의 수}}{\text{모든 경우의 수}}$$

확률의 영어는 probability다. 그래서 확률을 간단히 p라고 표기한다. 확률이란 '확실한 정도의 비율'이다. 어떤 사건이 발생할 확실성의 정도를 비율로 나타낸 것이다. 그 비율의 기준은 '모든 경우의 수'다.

때때로 확률은 확실성에 매우 가깝지만,

결코 확실성 자체는 아니다.

Sometimes the probabilities are very close to certainties,

but they're never really certainties.

—

물리학자 머레이 겔만(Murray Gell-Mann, 1929~2019)

이론적으로
계산해보는 확률

〈

    확률이라는 말은 하나지만, 확률에도 종류가 있다. 수학 시간에 주사위나 동전을 던지면서 주로 다루는 확률은 이론적이고 논리적이다. 머리를 써서 경우의 수를 헤아려본다. 직접 주사위나 동전을 던져보고 그 결과를 가지고 계산해보는 확률이 아니다. 그런 확률을 수학적 확률이라고 한다.

    수학적 확률은 머릿속으로 시행하고 머릿속으로 그 결과를 차근차근 따져본다. 이론적으로 계산해보는 확률이다. 교과서 속 수학, 이론화된 수학은 수학적 확률이다. 주사위를 던졌을 때 1의 눈이 나올 확률인 $\frac{1}{6}$도, 로또 복권에 당첨될 확률인 약 800만 분의 1도 모두 수학적 확률이다.

    "밤에 길을 걷다가 마음에 드는 여성을 만날 확률은 0.00035 퍼센트이다."

    2010년도에 영국 런던에서 살던 수학자 피터 배커스가 제시한 확률이다. 그는 이 사실을 가십거리 정도로 발표한 게 아니다.

무려 공식적인 논문으로 작성해 발표했다. 그의 논문과 확률은 수학에서 알음알음 퍼졌다. 재미난 수학의 사례로 여겨져 일반적인 기삿거리로도 종종 다뤄졌다. 그가 제시한 확률이 정확하기 때문은 아니다. 그만큼 힘들다는 것을 말해주는, 수식으로 쓴 재미난 표현이기 때문이다.

그 논문의 제목은 「Why I don't have a girlfriend」이다. 제목에서도 짐작할 수 있듯이, 그에게는 여자친구가 없었다. 노력해도 여자친구가 생기지 않았다. 그는 운명을 탓하기보다, 자신의 처지를 수학적으로 정당화하는 길을 택했다. 마음에 드는 연인을 만나기가 얼마나 어려운가를 확률로 설명해봤다. 그는 그 확률을 어떻게 계산했을까?

$$G = N \times f_W \times f_L \times f_A \times f_U \times f_B$$

피터 배커스가 제시한 수식이다. G는 여자친구가 될 가능성이 있는 여성의 수다. 그는 이 수를, 6개의 다른 수를 곱해서 구했다. 영국의 인구수(N)에, 여성의 비율(f_W), 런던에 사는 여성의 비율(f_L), 24~34세의 런던 여성의 비율(f_A), 대학을 졸업한 여성의 비율(f_U), 그 여성이 매력적일 확률(f_B)을 곱했다. 본인이 생각한 조건을 고려했다. 그랬더니 가능성 있는 여성의 수는 26명이었다. 그러고는 밤에 길을 걷다 그 여성 중 한 명과 마주칠 확률이 0.00035퍼센트라고 했다. 285000분의 1이었다.

그에게 여자친구가 없었던 것은 그의 능력이나 외모, 성격의 문제가 아니었다. 세상만사가 원래 그랬다. 마음에 드는 여자친구를 만난다는 것 자체가 극히 드문 일이었다. 아마도 그는 스스로의 처지를 너그러이 받아들일 수 있었을 것이다. (하지만 몇 년 후 여자친구를 만나 결혼했다. 집 근처의 여성이었다고 한다.)

피터 배커스는 실제 데이터를 근거로 확률을 계산하지 않았다. 머릿속으로 생각하며 그 가능성을 따졌다. 수학적 확률이다. 이 확률은 구체적인 데이터가 없어도 된다. 머릿속으로 따질 수 있기만 하면 어떤 확률도 얻을 수 있다. 실제 데이터를 구하기 어려운 경우에 써먹기 좋다.

원리로부터 확률이 도출되지만,

진실이나 확실성은 사실로부터만 얻어진다.

From principles is derived probability,

but truth or certainty is obtained only from facts.

—

극작가 톰 스토파드(Tom Stoppard, 1937~)

통계를 근거로 한
확률

<

　번개 또는 벼락을 맞을 확률은 얼마일까? 인터넷에서 '번개 맞을 확률' 또는 '벼락 맞을 확률'을 검색해보라. 관련된 정보가 여러 개 검색된다. 어떤 곳은 그 확률이 0.001퍼센트라고 한다. 근거는 데이터다. 기상청 자료에 따르면 2017년에 벼락이 31만 6,679번 내리쳤다. 그때 벼락 맞은 사람은 4명이었다. 전체 인구와 비교해보면 확률이 0.001퍼센트이다.*

　그런데 그 기사의 맨 끝에 다른 확률이 제시되어 있다. 미국의 한 협회 자료를 근거로 했다. 매년 벼락에 맞는 사람은 약 2만 4,000명이란다. 그중 1,000명 정도가 사망하니, 벼락 맞아 죽을 확률은 700만 분의 1이다(1,000명을 세계 전체 인구인 70억으로 나눈 값이다). 벼락 맞을 확률은 2만 4,000건을 70억으로 나눈 값인 약 30만 분의 1이다. 한편 미국 국립번개안전연구원(NLSI)이란 곳에서는 28만 명 중 한 사람이 벼락을 맞아 죽는다고 발표했다.** 하지만 다른 자료에서는 번개를 맞을 확률이 600만 분의 1이라고 말했다.***

　이처럼 번개 맞을 확률은 자료에 따라 제각각이었다. 사용한

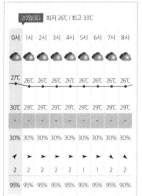
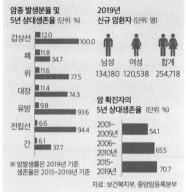

강수 확률(왼쪽)과 암에 관한 확률(오른쪽)은 통계적 확률이다●●●●

통계 데이터가 다르기 때문이다. 통계적 확률이다. 통계적 확률은 실제 데이터를 근거로 한 실제적 확률이다. 우리의 일상생활에서 숱하게 볼 수 있다. 데이터만 차곡차곡 모은다면, 갖가지 신기한 확률을 구할 수 있다. 과거와 현재의 데이터를 바탕으로 해서, 앞으로 일어날 가능성을 판단한다.

● 《헤럴드경제》 2021년 5월 16일자 기사 참고. http://mbiz.heraldcorp.com/view.php?ud=20210516000103
●● 《위키트리》 2020년 8월 24일자 기사 참고. https://www.wikitree.co.kr/articles/565010
●●● 《인사이트》 2022년 8월 15일자 기사 참고. https://www.insight.co.kr/news/408035
●●●● 《서울경제》 2021년 12월 29일자 기사 참고. https://www.sedaily.com/NewsView/22VHCV3BZ0

확률 p,
0≤p≤1

확률은 어떤 일이 일어날 가능성의 비율이다. 비율인 만큼 수치로 표현된다. 수치만 보면 가능성이 얼마나 큰지 작은지를 바로 알 수 있다. 비율이라지만, 최솟값과 최댓값이 존재한다. 최솟값은 0이고 최댓값은 1이다. 확률은 그 사이에 존재한다.

$$\text{사건 A가 일어날 확률 p} = \frac{\text{사건 A가 일어날 경우의 수}}{\text{모든 경우의 수}}$$

확률 p의 분모는 모든 경우의 수다. 분자는 사건 A가 일어나는 경우의 수인데, 그 경우의 수는 모든 경우의 수에 포함된다. 주사위를 던져 짝수가 나오는 경우의 수 3가지는, 모든 경우의 수인 6가지에 포함된다. 확률 계산식에서 분자는 언제나 분모보다 작다.

모든 경우의 수

사건 A가
일어날
경우의 수

비율에서는 분자가 분모보다 더 클 수도 있다. 내가 가진 돈 5만 원을 기준으로 할 경우, 10만 원을 가진 다른 친구의 비율은 2가 된다. 10만 원을 5만 원으로 나누기 때문이다. 하지만 확률은 비율이지만 1보다 작다. 어떤 사건이 일어날 경우의 수는, 언제나 모든 경우의 수에 포함된다고 보기 때문이다. 그래서 확률 p는 $0 \leq p \leq 1$이다.

확률의 크기,
p=0 vs p=1

<

확률의 크기를 결정하는 것은 분자다. 분자의 값에 따라 확률의 크기가 결정된다. 분자가 0이면 확률도 0이다. 어느 경우에 분자가 0이 될까? 사건이 발생하는 경우가 하나도 없을 때다.

주사위를 던졌는데 7의 눈이 나오는 사건이 일어날 수 있을까? 없다. 주사위에는 1부터 6까지의 수만 있다. 주사위 3개를 던져 나온 눈의 합이 20이 되는 사건도 발생하지 않는다. 주사위 3개의 합에서 최댓값은 18이기 때문이다.

확률 p가 0인 사건은 절대로 일어나지 않는 사건이다. 그 사건이 발생하는 경우의 수가 0이기 때문이다.

확률이 1인 사건도 있다. 확률이 1이라는 것은, 분자가 분모와 같다는 뜻이다. 어떤 사건이 일어나는 경우의 수가 모든 경우의 수와 같다. 주사위를 던졌을 때 나오는 눈이 1 이상일 사건은 6가지 경우다. 일어날 수 있는 모든 경우의 수와 같다. 그래서 확률 p가 1이다. 확률이 1인 사건은 반드시 일어난다.

우리는 확률과 불확실성에 더 익숙해져야 한다.

We must become more comfortable with probability and uncertainty.

—

통계학자 네이트 실버(Nate Silver, 1978~)

확률은 인과관계의
확장이다

〈

확률은 앞날의 가능성이다. 어떤 사건은 일어날 수도 있고, 일어나지 않을 수도 있다. 그 사건의 인과관계를 정확히 알지 못하기 때문이다. y=2x처럼 인과관계가 명확한 경우와는 다르다. 이렇게만 보면 확률은 인과관계가 불분명한 현상에 대한 수학 같다.

하지만 확률은 인과관계의 확장이다. 일단 인과관계가 명확한 경우도 확률의 일부로 포함된다. 확률이 0이거나 1인 사건이다. 절대로 일어나지 않거나, 반드시 일어나는 사건을 보자. 그런 사건의 인과관계는 명확하다. 그래야 어떤 일이 아예 안 일어나거나 반드시 일어난다.

지구 중력권 안에 던져진 사과가 하늘로 올라가는 사건은 발생하지 않는다. 타고 남은 재가 금이 되는 사건도 일어나지 않는다. 이제껏 밝혀놓은 자연법칙을 벗어나기 때문이다. 그런 사건의 확률은 0이다. N극과 S극을 붙여놓으면 둘은 반드시 달라붙는다. 물질이 사라지면 반드시 에너지가 만들어진다. 그럴 확률은 1이다.

확률이 0과 1 사이에 있는 사건의 인과관계는 아직 불명확하다. 인과관계의 폭을 좁히는 중이다. 사건이 발생하는 조건이나 과정이 명확해진다면, 앞으로 어떤 일이 일어날지를 완벽하게 예상할 수 있을 것이다. 주사위를 던질 때 어떤 수가 나올지, 오후 3시 58분에 비가 올지 안 올지도 정확히 예측해낼 수 있다.

기존의 인과관계는 y=2x처럼 원인 하나에 결과도 하나였다. 하지만 확률의 인과관계는 아직 원인 하나에 결과가 여러 개다. 아직 그 과정의 비밀을 밝히지 못했기 때문이다. 그 비밀을 밝혀 확률을 1로 바꿔가는 것이, 확률이 품은 꿈이다.

어떤 사건이 일어나지 않을
확률도 있다

$<$

　낮이 있으면 밤이 있고, 양수가 있으면 음수가 있는 법이다. 어떤 사건이 일어날 확률이 있다면, 그에 반대되는 확률도 있다. 어떤 사건이 일어나지 않을 확률도 가능하다. 로또가 당첨될 확률은 약 800만 분의 1이다. 그렇다면 당첨되지 않을 확률은 800만 분의 7999999이다. 확률의 전체 값 1에서 당첨될 확률을 빼면 된다.

　어떤 사건은 일어나거나 일어나지 않거나 둘 중 하나다. 두 경우를 모두 더하면 전체인 1이 된다. 어떤 사건이 일어날 확률인 p와 그 사건이 일어나지 않을 확률인 q를 더하면 1이 되어야 한다. p+q=1. 따라서 어떤 사건이 일어날 확률 p를 알면, 그 사건이 일어나지 않을 확률 q도 즉시 알 수 있다.

　어떤 사건이 일어나지 않을 확률 ＝ 1－어떤 사건이 일어날 확률

$$q \ = \ 1-p \ \ (p+q=1)$$

>

　확률에는 주관적 확률이라는 것도 있다. 이때의 확률은, 어떤 사람이 주관적으로 가진 믿음의 정도다. 객관적이고 통계적인 데이터를 근거로 한 게 아니다. 자기 자신이 주관적으로 생각하는 확률이다.

　로또 복권 하나가 당첨될 확률은 약 800만 분의 1이라고 했다. 그런데 어젯밤에 용을 타고 하늘을 날아오르는 돼지를, 개를 타고 쫓아가는 꿈을 꿨다. 일어나자마자 좋은 징조라는 느낌이 확 들었다. 그 느낌이 사라지기 전에 복권을 샀다.

　좋은 꿈을 꾸고서 복권을 산 사람에게 복권이 당첨될 확률은 얼마일까? 객관적인 확률은 800만 분의 1이지만, 그에게는 확률이 그보다 훨씬 높다. 주관적인 확률이다. 이론이나 통계를 통해 계산하기 어려울 때도 확률 계산이 가능하다는 장점이 있다.

　이론적인 확률이나 통계적인 확률도 주관적인 확률로 해석이 가능하다. 주사위를 던질 때 6이 나올 확률이 $\frac{1}{6}$이라는 것 역시 결국 믿음이기 때문이다. 이론적이고 통계적인 데이터를 통해서 형성된 과학적이고 수학적인 믿음이다.

주관적 확률은 데이터를 통해 갱신하게 된다. 꿈이 보여준 징조가 자꾸 현실화된다면 주관적 확률은 높아질 것이다. 하지만 꿈은 꿈일 뿐 현실과 무관하다면, 그 사람의 주관적 확률 역시 줄어든다. 새로운 데이터로 기존의 확률을 갱신해가는 방식은 인공지능에서도 많이 쓰인다.

확률은 부분적인 지식에 기초한 기대치다.

사건의 발생에 영향을 미치는 모든 상황을 완벽하게 아는 것은

기대치를 확실성으로 바꿔준다.

그리고 확률 이론에 대한 여지를 남기지 않을 것이다.

Probability is expectation founded upon partial knowledge.

A perfect acquaintance with all the circumstances affecting

the occurrence of an event would change expectation into certainty,

and leave nether room nor demand for a theory of probabilities.

—

수학자 조지 불(George Boole, 1815~1864)

06

**확률은
경우의 수로부터!**

확률의 계산은, 경우의 수로부터 출발한다. 경우의 수를 잘 세어야 확률을 정확히 구할 수 있다. 경우의 수란, 어떤 사건이 일어날 수 있는 모든 가짓수다. 사건에 따라 경우의 수는 달라진다. 어떻게 달라지는지 살펴보자.

>

"주사위 세 개를 던져 나온 눈의 합을 구한다. 9가 더 자주 나올까, 10이 더 자주 나올까?"

17세기를 대표하는 과학자 갈릴레오 갈릴레이가 고민했던 문제다. 처음에는 실제 도박을 하던 사람들의 의문이었다. 9나 10이 나올 가능성은 같아 보였는데, 실제로 해보면 10이 더 자주 나오는 것 같았다. 그들만의 힘으로는 풀 수 없어서 갈릴레이에게 도움을 요청했다.

단순해 보이는 문제였지만, 당대의 내로라하는 학자가 다뤄야 할 만큼 헷갈리는 문제였다. 경우의 수를 제대로 따진다는 게 얼마나 어려운가를 잘 보여주는 사례다.

결과만 보자면 주사위 세 개의 합이 9나 10이 되는 경우의 수는 같아 보인다. 9가 되는 경우와 10이 되는 경우는 다음처럼 모두 6가지인 것 같다.

합이 9인 경우:

(1, 2, 6), (1, 3, 5), (1, 4, 4), (2, 2, 5), (2, 3, 4), (3, 3, 3)

* (1, 2, 6)은, 주사위 하나가 1, 다른 주사위가 2, 마지막 주사위가 6이 되는 경우라는 뜻이다. 단, 주사위의 순서는 무시한다.

합이 10인 경우:

(1, 3, 6), (1, 4, 5), (2, 2, 6), (2, 3, 5), (2, 4, 4), (3, 3, 4)

위를 보면 합이 9나 10이 되는 경우의 수는 6이다. 그렇다면 두 사건이 일어날 확률은 같아야 한다. 하지만 실제 게임을 했던 사람들은 그렇게 느끼지 않았다. 10이 더 자주 나오는 것 같았다. 그들의 경험적 판단이 맞는다면, 뭔가 놓친 게 있다는 뜻이다. 그게 뭘까?

경우의 수를 잘못 센 것이다. 최종 결과만 보면 9나 10이 될 경우의 수는 6이다. 그런데 6은, 각 주사위를 구분하지 않았을 때의 경우의 수다. 실제에서는 그렇지 않다. 예를 들어 (1, 2, 6)이 나오는 경우의 수 자체가 여러 가지다. 어느 주사위가 1이 되는가를 따져줘야 한다.

독립적인 관찰자의 수를 늘리면 주관성 편향이 줄어들고,
연구의 객관성이 향상된다.

Increasing the number of independent observers reduces subjectivity

bias, and enhances the objectivity of the study.

—

저술가 마틴 우조추쿠와 오그우(Martin Uzochukwu Ugwu)

경우의 수를
빠짐없이 세는 방법

<

경우의 수를 셀 때는 주의해야 한다. 어느 한 가지를 빼거나, 어느 하나를 중복해서 세면 안 된다. 치밀하고 꼼꼼한 방법이 필요하다. 가장 기본적인 것이 수형도다.

수형도는 '나무(樹) 모형(型)의 그림(圖)'이라는 뜻이다. 뿌리에서 줄기, 가지로 뻗어나가는 나무처럼 경우의 수를 차근차근 분류하여 헤아린다. 새로운 기준이 등장할 때마다 사건이 발생하는 경우의 수가 갈라지며 늘어난다. 그 경우를 점과 선으로 그려간다.

MBTI는 사람의 성격을 16가지로 분류한다. '에너지 방향', '인식 기능', '판단 기능', '생활 양식'의 4가지가 분류 기준이다. 이 4가지 기준은 각기 2가지로 분류된다. 에너지 방향은 외향형(Extraversion)과 내향형(Introversion)으로, 인식 기능은 감각형(Sensing)과 직관형(Intuition)으로, 판단 기능은 사고형(Thinking)과 감정형(Feeling)으로, 생활 양식은 판단형(Judging)과 인식형(Perceiving)으로. 그러면 4개의 문자로 구성되는 16개의 성격 유형이 만들어진다.

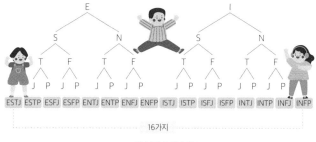

MBTI의 성격 유형 수형도

수형도는 표로, 표는 수형도로 표현될 수 있다. 경우의 수를 분류해가는 방식의 차이일 뿐이다. 그런데 표나 수형도를 사용하는 데는 한계가 있다. 경우의 수가 많아질수록 표나 수형도를 사용하는 게 어려워진다. 그래서 경우의 수를 논리적으로 계산해보는 방법이 등장했다.

나는 신의 섭리와 운명을 믿지 않는다.

기술자로서, 나는 확률의 공식을 계산하는 데 익숙하다.

I don't believe in providence and fate, as a technologist

I am used to reckoning with the formulae of probability.

—

극작가 막스 프리슈(Max Frisch, 1911~1991)

경우의 수를
더하느냐 곱하느냐?

주사위를 던져 2의 배수 또는 5의 배수가 나오는 사건을 보자. 단순사건 두 개로 이뤄진 복합사건이다. 그 경우의 수는 4이다. 2의 배수가 나오는 경우의 수인 3에 5의 배수가 나오는 경우의 수인 1을 더한다.

어떤 복합사건의 경우의 수는, 단순사건의 경우의 수의 합이다. 조건이 있다. 각 단순사건은 동시에 일어나지 않아야 한다. A가 일어나면 B는 일어나지 않는다. 주사위를 던지면 2의 배수와 5의 배수는 동시에 나올 수 없다. 그럴 때만 단순사건의 경우의 수를 더한다. '합의 법칙'이다.

합의 법칙은, 단순사건의 경우의 수를 더해주기 때문에 붙여진 이름이다. 단순사건들이 '또는'이나 '~이거나'라는 말로 연결될 때 주로 적용된다. 하지만 그렇지 않은 경우도 있다.

주사위를 던져 3의 배수 또는 소수가 나오는 경우의 수를 구해보자. 3의 배수는 {3, 6}으로 2가지이고, 소수는 {2, 3, 5}로 3가지이다. '또는'이란 말만 보고 2+3을 더해 5가지라고 말하면 안 된다. 3은, 3의 배수이자 소수다. 두 사건이 동시에 일어날 수도 있다. 합의 법칙을 적용할 수 없다. 두 사건이 동시에 일어나지 않을 때만 합의 법칙이 적용된다.

곱의 법칙도 있다. 어떤 복합사건의 경우의 수를, 단순사건의 경우의 수를 곱해서 계산한다. 주사위 하나와 동전 하나를 동시에 던질 때 경우의 수를 구해보자. 동전의 경우의 수는, 앞면과 뒷면으로 2이다. 주사위의 경우의 수는 6이다. 동시에 던질 경우 주사위 각 눈에 대해 동전은 앞면과 뒷면이 나올 수 있다. 경우의 수는 2×6=12이다.

'곱의 법칙'이란 말은, 곱셈을 통해서 경우의 수를 구하기 때문에 붙여진 이름이다. 두 사건이 동시에 일어날 때 주로 적용된다. 두 사건이 꼭 같이 일어나지 않아도 된다. 3가지 음식 중 하나를 먹고, 4가지 음료 중 하나를 마시는 사건처럼 연달아 일어나도 된다. 동시에 일어난다는 것은, 사건 A의 각 경우에 대해 사건 B가 일어난다는 뜻이다.

>

　1부터 9까지의 숫자 카드가 있다. 3개를 골라서 수를 만들려고 한다. 이때는 순서가 중요하다. 356과 536은 다르기 때문이다. 9개 중에서 3개를 뽑아 순서대로 세우는 것과 같다.

　백의 자리에 올 수 있는 카드는 9개다. 그 카드를 제외한 나머지 카드 8개가 십의 자리에 올 수 있다. 일의 자리에는 먼저 뽑힌 카드 2개를 제외한 7개의 카드가 올 수 있다. 백의 자리와 십의 자리에 올 수 있는 모든 수에 대해서 그렇다. 곱의 법칙이 적용되어야 한다.

　9개에서 3개를 뽑아 순서대로 세우는 경우의 수 = 9×8×7
　⟶ 9 이하의 연속하는 자연수 3개를 곱한다.

　위의 패턴을 확장하면, n개 중에서 r개를 뽑아 일렬로 세우는 사건의 경우의 수 계산식을 얻을 수 있다.

　9개에서 4개를 뽑아 순서대로 세우는 경우의 수 = 9×8×7×6

$\longrightarrow$ 9 이하의 연속하는 자연수 4개를 곱한다.

$$\vdots$$

n개에서 r개를 뽑아 순서대로 세우는 경우의 수

$= n(n-1)(n-2) \cdots (n-r+1)$

$\longrightarrow$ n 이하의 연속하는 자연수 r개를 곱한다.

n개에서 r개를 뽑아 순서대로 세우는 사건을 '순열'이라고 한다. 순서대로 배열한다는 뜻이다. $_nP_r$이라 표기한다. P는, 순열의 영어인 Permutation의 첫 글자다.

$$_nP_r = n(n-1)(n-2) \cdots (n-r+1)$$

n개 중에서 n개를 택해 순서대로 일렬로 세울 수도 있다. $_nP_n$인 순열이다. n부터 1까지의 자연수를 모두 곱한 값이다. 그런 경우를 !(팩토리얼)로 표시한다.

$$_nP_n = n(n-1)(n-2) \cdots 3 \cdot 2 \cdot 1 = n!$$

$\longrightarrow {}_9P_9 = 9 \cdot 8 \cdot 7 \cdot 6 \cdot 5 \cdot 4 \cdot 3 \cdot 2 \cdot 1 = 9!$

통계적으로,

우리 중 누군가가 여기에 있을 확률은 너무 작기 때문에

우리의 존재에 대한 사실만으로도

우리 모두는 만족스러운 황홀한 상태에 있어야 한다.

Statistically,

the probability of any one of us being here is so small

that the mere fact of our existence should keep us all

in a state of contented dazzlement.

—

의사 루이스 토머스(Lewis Thomas, 1913~1993)

순서를 무시하고 뽑을 때,
경우의 수

$<$

1부터 9까지의 수 중에서 3개의 수를 뽑는다고 하자. 순서는 상관없다. 이런 경우를 '조합'이라고 한다. 조합에서는 2, 5, 9나 5, 9, 2나 같은 경우로 취급한다. 조합의 수는 어떻게 될까? 순서를 고려하는 순열과의 관계를 활용한다.

9개에서 3개를 뽑아 일렬로 세우는 경우의 수는 9×8×7이다. 공식으로는 $_9P_3$이다. 여기에는 3개의 수는 같지만 순서가 다른 경우까지 포함되어 있다. 순서를 무시하는 조합에서는, 그런 경우를 모두 하나로 계산해줘야 한다. 뽑힌 수 3개로 만들 수 있는 모든 경우를 한 경우로 취급해야 한다. 9개에서 3개를 뽑아 일렬로 세우는 경우의 수를, 뽑힌 3개를 일렬로 세우는 경우의 수로 나눠준다.

$$\frac{9×8×7}{3×2×1} = \frac{_9P_3}{_3P_3} = \frac{_9P_3}{3!}$$

이 관계를 확장하면 순서를 무시하고 9개에서 4개를 뽑는 조합의 수도, n개에서 r개를 뽑는 조합의 계산식인 $_nC_r$도 구할 수 있다. C는 조합의 영어인 Combination의 첫 글자다.

순서를 무시하고 9개에서 4개를 뽑는 경우의 수

$$= \frac{9\times8\times7\times6}{4\times3\times2\times1} = \frac{{}_9P_4}{{}_4P_4} = \frac{{}_9P_4}{4!}$$

순서를 무시하고 n개에서 r개를 뽑는 경우의 수

$$= \frac{n(n-1)(n-2)\cdots(n-r+1)}{r(r-1)(r-2)\cdots\times2\times1} = \frac{{}_nP_r}{{}_rP_r} = \frac{{}_nP_r}{r!} = {}_nC_r$$

45개의 숫자 중에서 6개의 번호를 맞히는 로또 복권은 조합의 문제다. 순서를 고려하지 않고 뽑으면 된다. 조합의 계산식을 활용하면 된다. ${}_{45}C_6$이다. 그 값이 8,145,060이다.

확률에도
합과 곱이 있다 　　　　　　　　　　　 >

　경우의 수에는 합의 법칙과 곱의 법칙이 있다. 그래서 확률에도 덧셈과 곱셈이 있기 마련이다. 경우의 수가 합의 법칙에 해당하면 확률을 더한다. 경우의 수가 곱의 법칙에 해당하면 확률을 곱한다.

　주사위에서 3의 배수 또는 5의 배수가 나올 복합사건의 확률을 구해보자. 단순사건 두 개는 결코 동시에 일어나지 않는다. 합의 법칙에 해당하는 경우의 수다. 이럴 때의 확률 역시 덧셈이다. 3의 배수가 나올 확률은 $\frac{2}{6}$이고, 5의 배수가 나올 확률은 $\frac{1}{6}$이다. 그래서 3의 배수 또는 5의 배수가 나올 확률은 $\frac{2}{6}+\frac{1}{6}=\frac{3}{6}$이다(동시에 일어나는 경우가 있다면 달리 풀어야 한다).

　주사위 A와 B를 던져보자. A에서는 3의 배수가 나오고, B에서는 5의 배수가 나올 복합사건의 확률을 구해보자. 곱의 법칙이 적용되는 경우의 수다. 이때의 확률은 곱셈이다. A에서 3의 배수가 나올 확률은 $\frac{2}{6}$이고, B에서 5의 배수가 나올 확률은 $\frac{1}{6}$이다. 그래서 A는 3의 배수, B는 5의 배수가 될 확률은 $\frac{2}{6}\times\frac{1}{6}=\frac{2}{36}=\frac{1}{18}$이다.

>

갈릴레이가 고민했던 그 문제로 돌아가보자. 주사위 세 개를 더했을 때 눈의 합이 9 또는 10이 되는 경우의 수 문제였다. 겉으로만 보자면 각 경우의 수는 6으로 같아 보였다.

합이 9인 경우:

(1, 2, 6), (1, 3, 5), (1, 4, 4), (2, 2, 5), (2, 3, 4), (3, 3, 3)

합이 10인 경우:

(1, 3, 6), (1, 4, 5), (2, 2, 6), (2, 3, 5), (2, 4, 4), (3, 3, 4)

위 경우에서는 순서가 고려되지 않았다. (1, 2, 6)일 때 어느 주사위가 1이고 2인지 구분되어 있지 않다. 서로 다른 경우들이 무조건 하나로 취급되었다. 정확히 계산하려면 순서까지 고려해야 한다.

(1, 2, 6)처럼 각 눈이 다르게 나올 실제 경우의 수는 6이다. (1, 2, 6), (1, 6, 2), (2, 1, 6), (2, 6, 2), (6, 1, 2), (6, 2, 1)이다. (2, 2, 5)처럼 두 개가 같게 나올 경우의 수는 3이다. (5, 2, 2), (2, 5, 2),

(2, 2, 5)이다. (3, 3, 3)처럼 모두 같게 나올 경우의 수는 1이다.

　순서까지 고려하면 합이 9가 되는 경우의 수는 실제로 25이다. 6+6+3+3+6+1=25. 순서를 고려해 10이 되는 경우의 수는 실제로 27이다. 6+6+3+6+3+3=27. 합이 10이 되는 경우의 수가 더 크다. 그만큼 더 자주 발생한다. 그런 것 같다는 도박사들의 경험적 직감이 맞았다.

전통의 경직된 행동에서 벗어나
새로운 형태의 확률에 자신을 개방하라.

Free yourself from the rigid conduct of tradition
and open yourself to the new forms of probability.

—

심리학자 한스 벤더(Hans Bender, 1907~1991)

07

**신은 죽었고,
확률과 통계가
살아났다**

우연을 다루는 수학인 확률과 통계는, 근대 이후에
나 형성되기 시작했다. 그 이전에 '우연'은 신의
영역이었다. 인간으로서 어찌해볼 도리가 없는
대상이었다. 우연을 신의 뜻으로 받아들이기도
했다. 그러나 차차 우연에 대한 합리적 접근이,
인간에 의해 시도되었다. 사고방식의 전환이 일
어났다.

통계, 데이터로부터
정보를 뽑아낸다

>

통계의 문자적 뜻은, 데이터를 종합해 세어보는 것이다. 그래서 보통 '통계를 수집한다'고 말한다. 다람쥐가 여기저기 흩어져 있는 도토리를 모으듯 데이터를 모은다. 그 데이터를 이리저리 분석하면, 어떤 결과가 툭 튀어나온다. 통계의 대상은 데이터다.

데이터를 모으고 분석할 때는 '어떤' 의도가 있다. 그 의도가 통계를 시작하게 한다. 장사가 이익인지 손해인지 알아보고자, 지출과 수입 데이터를 통계 내본다. 공공 버스나 자전거를 언제 어느 정도나 배치하는 게 적절할지를 알아보고자 이용자에 관한 데이터를 모아본다. 어떤 디자인이 더 좋을지 미리 알아보고자 A/B 테스트를 진행해 그 데이터를 수집한다.

통계를 시작하는 이유는, 뭔가를 알고 싶기 때문이다. 전체

통계는 데이터로부터 정보를 추출하는 활동이다

현황이 어떻게 되는지, 어떤 생각이나 주장, 사실이 맞는지 틀린지 알아보려 한다. 불현듯 떠오른 직감이나 느낌, 불분명한 사실이나 주장, 어떤 현상에 대한 원인 등을 이해해보고자 한다. 원하는 그 결과를 정보라고 한다. 정보를 얻어내고자 하는 게 통계를 모으고 분석하는 의도이자 이유다.

통계, 부분으로
전체를 알아내는 기술

통계가 정보를 얻어내는 방법은 간단하다. 어떤 물질의 알갱이 하나로는, 무슨 색깔인지 어떤 맛인지 알아채기 어렵다. 여러 개를 모아보면 누리끼리한 색인지 쌉쌀한 맛인지 알게 된다. 그래서 일단 관련된 대상이나 현상에 관한 데이터를 모은다. 거의 수치화된 데이터들이다. 그렇다고 모두 모을 필요는 없다. 딱 한 입 정도의 양으로도 충분히 맛을 감지할 수 있다.

통계는 코끼리 만지기 다른 부분을 만져본 사람들은 코끼리의 모습을 달리 추측한다. 그래도 그 데이터를 모아 잘 유추해보면, 신기하게도 코끼리의 모습을 더 제대로 그려볼 수 있다. (물론 틀릴 때도 있다.)

코끼리 다리 만지기, 이것이 통계다. 코끼리는 너무 크다. 너무 커서 한눈에 그 정체를 알아채기 어렵다. 하는 수 없다. 여기저기 이곳저곳을 만져본다. 각 부분의 데이터를 모아서 전체의 모습을 유추해본다. 알 수 없는 전체의 모습을, 알 수 있는 부분적 데이터로 그려보는 게 통계다.

일상에서 익숙하게 접하는 통계의 모습은 코끼리 만지기로서의 통계다. 부분적 데이터를 통해 전체에 대한 정보를 얻는다. 여론조사가 대표적이다. 일부 데이터를 통해 전체 의견이나 생각을 추측한다. 때로는 오차나 오류가 발생한다. 아예 틀리는 경우도 있다. 그래서 통계는 확률과 결합한다. 여론조사에는 늘 확률이 뒤따른다. 원하는 정보를 확률적으로 얻기 때문이다.

인생은 확률의 학교이다.

Life is a school of probability

—

언론인 월터 배젓(Walter Bagehot, 1826~1877)

확률은 감이 아닌 수로
점쳐보는 활동이다

확률이 다루는 대상은 미래에 일어날 어떤 사건이다. 어떻게 일어날지 정확히 확신할 수 없는 사건이다. 원인을 아예 모르거나, 원인이 명확하게 밝혀지지 않았기 때문이다. 그런 사건을 조금이나마 더 이해해보고자 확률을 동원한다. 확률로나마 판단하고 선택한다.

통계가 등장하기 전에 불확실한 앞날에 어떻게 대처했을까? 어떤 식으로든 판단과 선택을 하기는 해야 했다. 그 선택에 절대적 영향을 미친 것은 과거의 경험이었을 것이다. 과거의 경험을 되돌아봄으로써, 어떤 선택이 더 좋을지를 결정했다. 하늘의 구름 상태나, 저 멀리서 불어오는 바람의 상태를 통해 비가 올지 안 올지를 판단했다. 그 모든 경험이 직감으로 드러난다.

과거의 경험을 근거로 앞날을 추측해본다는 면에서, 통계 이전의 방법과 통계는 크게 다르지 않다. 과거와 현재까지의 데이터를 통해 앞날의 사건을 유추해본다. 관점 면에서는 같다. 하지만 방법이 다르다.

통계 이전에는 경험적 데이터나 그 데이터를 종합하는 방법이 불분명했다. 불분명한 기억과 막연한 직감이 전부였다. 그 기억과 직감은, 정확히 표현되지 못했다. 다른 사람에게 정확히 전달되지도 않았다. 그저 사람을 믿는 수밖에 없었다.

통계가 등장하면서 데이터의 표현 방식이 달라졌다. 데이터를 수치로 표현함으로써 데이터를 객관화했다. 데이터가 객관화되자 데이터에 대한 기술적 분석도 가능해졌다. 데이터를 분석하는 방법, 데이터를 분석하는 지표 등이 등장했다. 다른 사람과의 소통과 협력도 수월해졌다.

확률은 수치로 표현된 데이터를 근거로 한다. 어떤 일이 미래에 일어날 가능성마저 수치로 표현해준다. 수로 시작해서 수로 끝난다. 과거로부터 현재까지의 수치 데이터를 근거로 미래의 일을 수로 점쳐본다. 감으로 점치는 게 아니라, 수치로 점쳐보는 활동이 확률이다.

신은 죽었고,
확률과 통계는 살았다

통계나 확률이 아닌 신이 판단의 근거였던 시절이 있었다. 한계를 자각한 인간이 그나마 의지해볼 대상은 신이었다. (정확히는 신의 권능을 가졌다는 인간이었다.) 인간은 그 신에게 앞날을 물었다. 그 신의 메시지를 부여잡고 닥쳐오는 미래를 맞이했다.

확률과 통계가 등장하면서 상황은 달라졌다. 현실에 대한 데이터를 모아가면서 신의 한계가 밝혀지기 시작했다. 이 우주가 꼭 신의 메시지대로 돌아가는 건 아니었다. 때로는 신의 메시지가 틀리곤 했다. 지구는 우주의 중심이 아니라, 다른 별을 도는 행성 중 하나일 뿐이었다. 신의 메시지는 그렇게 무력해져갔다.

신은 죽었다! 급기야 어느 철학자는 이렇게 선언했다. 인간에게 진리의 근거가 되어주던 신이 죽었다. 불확실하고 불분명한 상황에 처했을 때마다 판단의 근거가 되어주던 신이 죽어버렸다. 인간들은 신을 대신할 만한 뭔가를 만들기 시작했다. 확률과 통계가 그중 하나였다.

신은 죽었다. 신의 잿더미 속에서 살아난 게 있다. 확률과 통계다! 확률과 통계가 신을 대신해가고 있다고대에 사람들에게는 통계학이 없었다.

그래서 그들은 거짓말에 의존해야 했다

In ancient times they had no statistics

so they had to fall back on lies.

—

소설가 스티븐 리콕(Stephen Leacock, 1869~1944)

3부

확률과 통계, 어떻게 공부해야 할까?

08

확률과 통계의
리터러시를 키우자!

확률과 통계, 조금 생소하고 어려워 보이는 용어와 개념들이 등장한다. 게다가 각종 계산이 끼어들다 보니 허겁지겁 공부하기 일쑤다. 확률과 통계에 대한 해석 능력을 제대로 갖추지 못하는 경우가 많다. 확률과 통계의 시대이니만큼, 그 의미를 읽어낼 수 있는 리터러시(독해력)를 키워야 한다.

>

2022년 8월 16일부터 21일까지의 코로나 확진자 수를 보여주는 그래프다. 같은 기간 동안 같은 데이터를 근거로 했다. 그러나 그래프가 보여주는 느낌은 썩 달라 보인다. 위쪽 그래프는 코

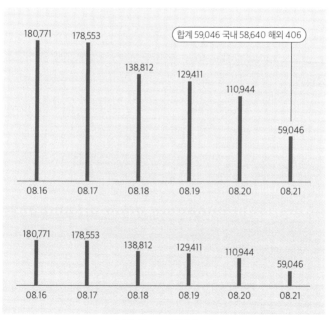

2022년 8월 코로나 확진자 그래프

로나 확진자 수가 아주 많고, 그 추이가 매일매일 크게 달라지는 것 같다. 반면에 아래쪽 그래프는 확진자 수가 많지 않아 보인다. 추이도 완만하게 줄고 있다.

기간과 데이터가 같은데, 그래프가 보여주는 양상은 다르다. 이유는 그래프 자체에 있다. 그래프에서 y축의 단위가 다르다. 20만 명에 해당하는 y축의 길이가 다르다. 위쪽 그래프는 아래쪽 그래프보다 y축의 단위 길이가 길다. 그 차이가 그래프에서 느껴지는 차이를 만든다.

확률과 통계에서는 표나 그래프가 자주 등장한다. 데이터의 의미를 잘 전달해주기 위한 수단이다. 하지만 표와 그래프를 어떻게 작성하고 그릴 것이냐는 정해져 있지 않다. 같은 데이터일지라도 사람에 따라 표와 그래프가 달라진다. 구간을 어떻게 나누느냐, 그래프의 단위를 어떻게 설정하느냐에 따라 달라진다. 표와 그래프가 전달하는 의미까지 달라진다. 그 효과를 악용해 일부러 표와 그래프를 조작하는 경우도 있다. 유의해야 한다.

데이터는 진실을 말하기 위해 사용되어야 한다.

아무리 고귀한 의도라고 하더라도,

행동을 촉구하기 위해 사용되어서는 안 된다.

Data must be used to tell the truth, not to call to action,

no matter how noble the intentions.

—

통계학자 한스 로슬링(Hans Rosling, 1948~2017)

보이는 지표의
보이지 않는 면을 보라

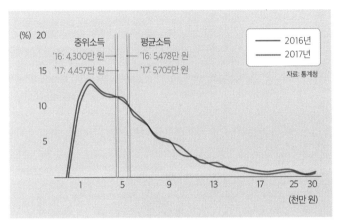

가구소득 구간별 가구분포

2016년도와 2017년도의 가구소득 분포를 보여주는 그래프다. 2017년의 가구소득 평균은 5,705만 원이었다. 2016년의 5,478만 원에 비해 4.1퍼센트가 증가했다. 가구소득이 증가했다니 좋아해야 할 일이다.

그런데 그래프를 보면 우려스러운 점이 보인다. 2017년의 가구소득 평균은 5,705만 원이지만, 중앙값에 해당하는 중위소득은 4,457만 원이다. 중위소득이 평균소득에 비해 1,300만 원가량 작다. 절반이 훨씬 넘는 가구의 소득이 평균소득에 미치지 못한다.

평균소득과 중위소득의 차이는 가구의 소득분포에 따른 결과다. 평균소득 주위에 가장 많이 분포되어 있지 않다. 평균소득에 미치지 못하는 저소득 구간에 가장 많은 가구가 속해 있다. 소득의 불균형이 심하고, 소득의 편차가 심하다. 그 편차로 인해 중위소득과 평균소득 간의 차이가 발생했다.

평균은 가장 많이 사용되는 대푯값이다. 하지만 평균만으로는 데이터 전체에 대해 평가를 내리기 곤란하다. 데이터의 분포를 알 수 없다. 평균이 높아졌다고 해서 마냥 웃을 일은 아니다. 편차에 해당하는 지표도 살펴봐야 전반적인 상황을 입체적으로 파악할 수 있다.

데이터에 대한 지표들은 데이터의 다양한 모습을 보여준다. 어떤 지표를 보여주느냐에 따라서 그 데이터에 대한 평가는 달라진다. 원하는 모습을 보여주기에 유리한 지표를 내세울 수 있다. 세계 최강국인 미국에는 세계 최대의 부자들이나 기업이 많다. 하지만 1인당 국민소득은 세계 최고가 아니다. 부의 불평등이 세계 최고 수준이기 때문이다. 어느 지표를 보여주느냐에 따라 미국에 대한 모습과 평가는 달라진다.

보여주는 지표만 봐서는 안 된다. 하나의 지표는 데이터가

지닌 모습의 단면일 뿐이다. 데이터를 입체적으로 이해하려면 다양한 지표를 곁들여 봐야 한다. 보이는 것만 볼 게 아니라, 보여주지 않는 것도 찾아볼 수 있는 안목이 필요하다.

누군가가 여러분에게 통계를 인용하거나

그래프를 보여준다고 해서, 그것이 그들이 주장하는

요점과 관련 있다는 것을 의미하지는 않는다.

중요한 정보를 확실히 얻고 그렇지 않은 정보를 무시하는 것이

우리 모두의 일이다.

Just because someone quotes you a statistic or shows you a graph,

it doesn't mean it's relevant to the point they're trying to make.

It's the job of all of us to make sure we get the information that matters,

and to ignore the information that doesn't.

—

신경과학자 대니얼 레비틴(Daniel J. Levitin, 1957~)

데이터의 규모도
문제가 된다

〈

2021년 8월 코로나가 한창이던 시절 이스라엘에서 기이한 통계 자료가 발표되었다. 백신 접종의 효과에 대한 자료였다. 백신 접종자와 미접종자를 구분해서 위중증 환자의 비율을 따져봤다. 표는 다음과 같았다.

구분	인구(명)	10만 명당 위중증 환자(명)	백신으로 인한 감소 효과
백신 접종자	5,634,634 (78.7%)	301 (5.3%)	67.6%
백신 미접종자	1,302,912 (18.2%)	214 (16.4%)	($\frac{16.4-5.3}{16.4}$)

위중증 환자 비율을 보라. 백신 접종자는 5.3퍼센트인데 반해, 백신 미접종자는 16.4퍼센트였다. 확실히 백신 접종의 효과가 있었다. 그 차이만큼이 백신의 효과였다. 계산해보니 67.6퍼센트였다.

그런데 데이터를 50세 이상과 이하로 세밀하게 나눠보면 기이한 일이 벌어진다. 50세 이상에서의 백신으로 인한 감소 효과는 85.2퍼센트였다. 50세 이하에서 백신으로 인한 감소 효과는 92.3퍼센트였다. 둘 다 90퍼센트 가까운 감소 효과를 보였다. 그런데도 인구 전체에 대한 감소 효과는 67.6퍼센트에 불과했다. 각 부분의 감소 효과에 훨씬 미치지 못한 수치였다. 어찌 된 일일까? 데이터는 다음과 같았다.•

구분		인구(명)	10만 명당 위중증 환자(명)	백신으로 인한 감소 효과
50세 이하	백신 접종자	3,501,118 (73.0%)	11 (0.3%)	92.3 %
	백신 미접종자	1,116,834 (23.3%)	43 (3.9%)	$(\dfrac{3.9-0.3}{3.9})$
50세 이상	백신 접종자	2,133,516 (90.4%)	290 (13.6%)	85.2 %
	백신 미접종자	186,078 (7.9%)	171 (91.9%)	$(\dfrac{91.9-13.6}{91.9})$

부분적인 데이터의 감소 효과는 높은데, 전체 데이터의 감소 효과는 낮아졌다. 데이터가 틀린 게 아니다. 데이터도 데이터의

• Covid-19 Data Science 참고. https://www.covid-datascience.com/post/israeli-data-how-can-efficacy-vs-severe-disease-be-strong-when-60-of-hospitalized-are-vaccinated?fbclid=IwAR3noOzN2vrA_9LHu34IGJOvCEjccoiXEFtJa_c9Pd0NwhwEExtBAGPhb-w

계산 과정도 모두 맞았다. 그런데도 모순적인 결과가 나왔다. 무엇 때문일까?

　원인은 50세 이상과 이후의 데이터를 섞어버렸기 때문이다. 50세 이상이든 이하이든 백신 접종 효과는 확실했다. 같은 조건하에서의 감소 효과는 높았다. 하지만 50세 이하에서는 백신 미접종자의 위중증 환자 비율이 3.9퍼센트로 아주 낮았다. 백신을 안 맞아도 위중증 환자가 적었다.

　그런데 50세 이하의 백신 미접종자 인구는 110만 명이었다. 50세 이상의 미접종자는 18만 명에 불과했다. 백신 미접종자는 50세 이하가 대부분이었다. 안 맞아도 위중증 환자가 될 가능성이 낮은 사람들이었다. 그 집단이 전체 데이터에서 차지하는 비중이 높다 보니, 전체적으로는 백신의 감소 효과가 더 낮아졌다.

　부분의 평균은 큰데 전체의 평균은 작아진다. 부분적인 데이터의 평균이나 경향성이 전체에서는 사라지거나 달라진다. '심슨의 역설'이다. 각 부분의 데이터 규모 차이 때문이다. 전체에서 차지하는 비중이 아주 큰 특정 집단이 있다면 이런 현상이 일어나곤 한다.

　데이터의 규모는 중요하다. 규모를 어떻게 하느냐에 따라서 확률과 통계가 달라진다. 데이터의 규모가 너무 작으면 굉장히 튀는 확률과 통계가 나오곤 한다. 프로야구에서 시즌 초반에는 4할에 가까운 타율을 보이거나, 굉장히 저조한 타율을 보이는 타자가 종종 등장한다. 데이터의 규모가 작을 때의 통계어서 그렇다. 하지만 시즌이 진행되며 데이터의 규모가 커질수록 안정적인 타율이 나온다. 데이터의 규모는 확률과 통계에서 중요하다.

인지심리학은 알려준다.

도움받지 못한 인간의 마음은 많은 오류와 환상에 취약하다.

체계적 통계보다는 생생한 일화에 대한 기억에 의존하기 때문이다.

Cognitive psychology tells us

that the unaided human mind is vulnerable to many fallacies and illusions

because of its reliance on its memory for vivid anecdotes

rather than systematic statistics.

—

심리학자 스티븐 핑커(Steven Pinker, 1954~)

>

"세 가지 종류의 거짓말이 있다. 거짓말, 빌어먹을 거짓말 그리고 통계이다(There are three kinds of lies: Lies, Damned Lies, and Statistics)."

소설가 마크 트웨인의 말이라고 한다. 통계가 사람을 얼마나 잘 속이는가를 표현해놓았다. 데이터의 규모를 얼마로 하고, 어떤 표와 그래프로 분류하며, 어떤 지표를 통해 분석하느냐에 따라 정보가 달라질 수 있다. 의도하지 않고도 또는 의도적으로 남을 속이기가 쉽다. 조심해야 한다.

2012년 미국 대선에서 대통령 후보들 말고도 주목받은 이가 또 있다. 2008년 대통령 선거를 정확히 예측한 네이트 실버였다. 그의 예측이 또 맞을지가 관심사였다. 그는 다음 (본문 158쪽 오른쪽) 그림처럼 예상했다.

왼쪽 그림이 실제 결과였다. 붉은색이 오바마 대통령이 승리한 곳이다. 회색은 롬니 후보가 이긴 곳이다. 실제 결과는 네이트

2012년 미국 대선 결과(왼쪽)와 네이트 실버의 예측(오른쪽)

실버의 예측과 완벽하게 일치했다. 그의 예측은 또 적중했다.

그는 어떻게 예측했을까? 그는 철저히 통계를 바탕으로 예측했다. 정확한 예측을 위해 다양한 방법을 구사했다. 그중 하나는 각종 여론조사를 모두 고려하는 것이었다. 특정 여론조사만이 아니라, 여론조사 전반을 고려했다. 여론조사의 평균치에 주목했다. 특정 데이터가 치우칠 수 있다는 것을 매우 잘 알았기 때문이다.

확률과 통계는 속기도 쉽고 속이기도 쉽다. 원하는 결과가 나오는 데이터만 취하거나, 그런 결과가 나올 때까지 데이터를 계속 수집할 수도 있다. 그래서 확률과 통계를 볼 줄 아는 요령이 필요하다. 확률과 통계로부터 의미와 문맥을 해석해낼 수 있는 리터러시(독해력)를 키우는 수밖에 없다.

통계를 이해한 스키점프의 점수 계산법

스키점프의 한 장면이다.

5명의 심사위원이 각자 점수를 매긴다.

그중에서 최고점과 최저점을 제외한다.

일부러 최고점을 주거나 최저점을 주는 경우를 배제하기 위해서다.

통계 데이터의 특성을 잘 이해한 현명한 방법이다.

—

사진 ⓒ 게티이미지 코리아

09

사건과 경우의 수는
생각보다 복잡하다

이 세상에서는 많은 사건이 발생한다. 수가 많은 만큼 사건의 양상도 다양하다. 사건이 일어나는 경로나 방식도 다양하다. 사건이 발생하는 경로가 주사위 던지기처럼 단순하지만은 않다. 하나의 사건이 다른 사건과 관련되어 일어나는 경우도 있다. 그에 따라 경우의 수를 계산하는 방법도 달리해야 한다.

자격이 같은가, 다른가?

>

　25명인 학급에서 대표 두 명을 뽑으려 한다. 두 명을 뽑을 때도 서로 다른 방식이 있다. 두 명의 자격이 같은 경우가 있다. 두 명 모두 대표로 자격이 동등하다. 두 명의 자격이 다른 경우도 있다. 한 명을 대표, 다른 한 명을 부대표로 한다. 자격이 서로 다르다.

　두 명의 자격이 다르면, 같은 두 사람이라고 할지라도 두 가지 경우가 가능하다. (A-대표, B-부대표)인 경우와 (A-부대표, B-대표)인 경우다. 순서를 고려해 일렬로 세우는 경우와 같다. 순열의 문제가 된다.

$$25 \times 24 = {}_{25}P_2$$

　뽑힌 두 명의 자격이 같다면, 두 사람을 뽑는 순서가 상관없다. 순서를 무시한 채 두 사람을 뽑기만 하면 된다. 조합의 문제다.

$$\frac{25 \times 24}{2 \times 1} = {}_{25}C_2$$

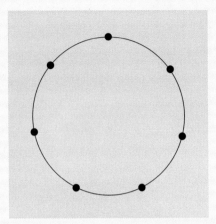

두 점을 잇는 직선, 세 점을 잇는 삼각형의 개수

원 위에 7개의 점이 있다. 어느 세 점도 한 직선 위에 있지 않다.

점 두 개를 이은 직선과 점 세 개를 이은 삼각형을 생각할 수 있다.

그 개수는 얼마일까?

뽑힌 두 점이나 세 점은 순서와 무관하다. 조합이다.

직선은 7개 중에서 2개를 뽑는 경우의 수만큼,

삼각형은 7개 중에서 3개를 뽑는 경우의 수만큼 존재한다.

몇 개를 이웃하여
나란히 세운다면?

>

5명을 일렬로 세우려 한다. 그런데 그 안에는 세쌍둥이가 있다. 그들은 언제나 이웃하도록 하려고 한다. 경우의 수는 몇 가지일까?

몇 개를 이웃하도록 세워야 하는 경우가 있다. 그럴 때는 그 몇 개를 한 묶음으로 간주해버리면 된다. 그러면 그 몇 개는 언제나 이웃하여 서게 된다. A, B, C, D, E 중 A, B, C를 이웃하게 한다면, A, B, C를 한 묶음으로 한다. 그 묶음을 F라고 하자. 그러면 F, D, E 세 명을 일렬로 세우는 문제가 된다.

그런데 한 가지를 더 고려해야 한다. A, B, C는 이웃하기만 하면 된다. ABC도 가능하고 BCA도 가능하다. 3명을 또 일렬로 세울 수 있다. 곱의 법칙이다. 그래서 F, D, E를 일렬로 세우는 경우의 수에 A, B, C를 일렬로 세우는 경우의 수를 곱해줘야 한다.

$$(3×2×1)×(3×2×1) = 3!×3!$$

중복을 허용하느냐,
허용하지 않느냐?

0부터 9까지 10개의 숫자로 현관문 비밀번호 네 자리를 만든 다고 하자. 맨 앞의 수가 0이어도 상관없다. 두 가지 조건이 가능하 다. 각 자리의 수가 중복이 되는 경우와 중복이 되지 않는 경우다.

중복을 허용한다면, 각 자리의 수는 무엇이 되어도 상관이 없 다. 1111이나 2233처럼 반복되는 수가 있어도 괜찮다. 각 자리 에는 10개의 숫자가 모두 들어갈 수 있다. 곱의 법칙이다. 중복 을 허용해서 네 자리 수를 만들 수 있는 경우의 수는 $10 \times 10 \times 10 \times 10 = 10^4$ 가짓수다. 중복을 허용하되 순서를 무시한다면 경우의 수는 또 달라진다. 중복조합이다. 고등학교 과정에서 배운다.

중복이 허용되지 않는다면, 각 자리의 수는 서로 달라야 한다. 10개의 숫자 중에서 4개를 뽑아 일렬로 배열하는 사건과 같다. 순 열의 문제다. 경우의 수는 $10 \times 9 \times 8 \times 7$이다. 중복을 허용하지 않 고 순서까지 무시한다면, 4개의 숫자만 뽑으면 된다. 조합의 문제 다. 10개의 숫자 중에서 4개만 뽑으면 된다.

$$\frac{10 \times 9 \times 8 \times 7}{4 \times 3 \times 2 \times 1} = {}_{10}C_4$$

>

주사위 두 개를 던진다. 두 눈의 수가 같지 않은 경우의 수는 얼마일까? 곧이곧대로 풀자면, 두 눈의 수가 같지 않은 경우의 수를 모두 세어봐야 한다. 1과 2인 경우, 2와 1인 경우, 1과 3인 경우……. 번거롭고 복잡하다.

유용한 방법이 있다. 주사위 두 개를 던질 때, 모든 경우의 수는 둘로 나뉜다. 두 눈의 수가 같은 경우와 두 눈의 수가 다른 경우다. 두 눈의 수가 같지 않은 경우의 수는, 모든 경우의 수에서 두 눈의 수가 같은 경우를 빼주면 된다. 주사위 두 개를 던질 때 나오는 모든 경우의 수는 36이다. 그중에서 두 눈의 수가 같은 경우의 수는 6이다. 두 눈의 수가 다른 경우의 수는 36−6=30이다.

$$\begin{array}{c}\text{두 눈의 수가} \\ \text{같은 경우의 수}\end{array} + \begin{array}{c}\text{두 눈의 수가} \\ \text{다른 경우의 수}\end{array} = \text{모든 경우의 수}$$

$$\begin{array}{c}\text{두 눈의 수가} \\ \text{다른 경우의 수}\end{array} = \text{모든 경우의 수} - \begin{array}{c}\text{두 눈의 수가} \\ \text{같은 경우의 수}\end{array}$$

$$= 36 - 6$$

어떤 사건을 A라고 하자. 사건은 A이거나 A가 아니거나, 둘 중 하나다. A가 아닌, A의 나머지 사건을 여사건(Complementary event)이라고 한다. 한자 '남을 여(餘)'를 썼다. 기호로는 A^{c}이다. Complementary의 첫 글자인 c를 사용했다.

모든 경우의 수는, 사건 A의 경우의 수와 여사건 A^{c}의 경우의 수를 더한 값이다. 모든 사람은, 내가 아는 사람이거나 내가 알지 못하는 사람 둘 중 하나인 것과 같다. 모든 수는 12321, 1457541처럼 앞으로 읽어도 거꾸로 읽어도 똑같은 대칭수이거나 대칭수가 아니다. 여사건 A^{c}의 경우의 수는, 모든 경우의 수에서 사건 A의 경우의 수를 빼면 된다.

$$\text{사건 A의 경우의 수} + \text{여사건 A}^c\text{의 경우의 수} = \text{모든 경우의 수}$$

$$\text{여사건 A}^c\text{의 경우의 수} = \text{모든 경우의 수} - \text{사건 A의 경우의 수}$$

여사건의 경우의 수를 활용하면, 여사건의 확률도 쉽게 구할 수 있다. 여사건 A^{c}의 확률은 1에서 사건 A의 확률을 빼면 된다.

$$p(A) + p(A^c) = 1$$
$$p(A^c) = 1 - p(A)$$

우리가 투쟁에서 실패할 확률이 있다고 해서,

우리가 정의롭다고 믿는 대의명분의 지지를 단념해서는 안 된다.

The probability that we may fail in the struggle ought not to deter us

from the support of a cause we believe to be just

—

정치인 에이브러햄 링컨(Abraham Lincoln, 1809~1865)

'적어도'가
포함되는 사건

　0부터 9까지의 숫자에서 4개를 골라 비밀번호를 만든다. 숫자가 중복되어도 괜찮다. 적어도 1이 한 개 이상 포함될 경우의 수는 얼마일까? 1을 하나 포함하는 경우와 1을 2개 포함하는 경우, 1을 3개 포함하는 경우, 1을 4개 포함하는 경우를 모두 세어보면 된다.

　문자 그대로 문제를 푼다면, 각 경우의 수를 구해서 더해주면 된다. 막상 하려면 번거롭고 복잡하다. 더 쉽고 간단한 방법을 찾아야 할 타이밍이다.

　1을 적어도 하나 포함할 경우는 많다. 딱 한 가지 경우만 제외하고는 나머지 전부다. 어? 나머지라는 말이 나왔다. 여사건이다. 1을 적어도 하나 포함하는 사건은, 1을 하나도 포함하지 않는 사건의 여사건이다. 모든 경우의 수에서, 1을 하나도 포함하지 않는 사건의 경우의 수를 빼주면 된다.

$$\underset{\text{포함할 경우의 수}}{\text{1을 적어도 하나}} = \text{모든 경우의 수} - \underset{\text{않는 경우의 수}}{\text{1을 하나도 포함하지}}$$

　'적어도'가 포함되는 사건에 대한 문제는, 나머지 사건 또는 여사건 문제로 생각하면 된다. 확률도 여사건의 확률과 똑같다. 적어도 A일 확률은, 1에서 A가 아닌 확률을 빼주면 된다.

$$p(\text{적어도 A인 사건}) = 1 - p(\text{A가 아닌 사건})$$

7, 37, 38, 39, 40, 44

로또 복권의 당첨번호가 이렇다면 어떤 기분이 들까? 뭔가 자연스럽지 않다는 느낌이 든다. 조작한 게 아닌가 하는 의심이 들 수도 있다. 무작위로 뽑았기에 1부터 45까지의 숫자가 골고루 분포되어야 할 것 같다. 위 번호는 그렇지 않다. 37부터 40까지의 연속된 숫자가 당첨되었다.

하지만 위 번호는 실제 당첨번호다. 2015년 6월 20일의 655회 당첨결과다. 특정 구간의 번호에 쏠려 있기는 하지만 조작이 있었던 건 아니다. 무작위로 자연스럽게 뽑힌, 굉장히 부자연스러워 보이는 숫자들이다.

주사위 던지기나 로또의 당첨번호 같은 사건은, 앞의 사건이 뒤 사건에 영향을 미치지 않는다. 앞에서 6이 나왔다고 해서 주사위가 알아서 6을 피해 가지 않는다. 앞에서 6이 나왔건 나오지 않왔건 신경 쓰지 않고 제 갈 길을 간다.

어떤 사건이 일어날 가능성이 앞의 사건에 전혀 영향을 받지 않을 때, 두 사건은 독립이라고 한다. 독립적이라는 게 뭔가? 다른 사람의 영향이나 압력에 굴하지 않는 것이다. 그처럼 다른 사건의 영향을 전혀 받지 않을 때 독립사건이라고 한다.

투자는 미래를 예측하는 것이고, 본질적으로 미래를 예측할 수 없다.
그러므로 투자를 더 잘할 수 있는 유일한 방법은
모든 사실을 평가하고 당신이 무엇을 알고
무엇을 모르는지를 아는 것이다. 그게 당신의 가능성의 경계이다.

Investing is about predicting the future,
and the future is inherently unpredictable.
Therefore, the only way you can do better is to assess all the facts and
truly know what you know and know what you don't know.
That's your probability edge.

—

사업가 리 루(Li Lu, 1966~)

두 사건이
서로 얽혀 있다

>

이 세상은 긴밀하게 얽히고설켜 있다. 우리 스스로의 생각과 판단은 독립적이라고 믿고 싶지만 그렇지 않은 경우가 태반이다. 무슨 노트북을 고를까 고민 중일 때 무심코 던지는 옆 사람의 한마디에 영향을 받는다. 어느 후보를 찍어야 할지 망설이고 있을 때 우연히 본 뉴스에 영향을 받는다.

어떤 사람이 벌어들이는 수입은 다른 조건과 독립적일까? 공평하고 공정한 사회라면 그래야 할 것이다. 하지만 그렇지 않다는 걸 말해주는 통계가 많다. 2021년 3분기 통계에 따르면, 가구주의 학력이 초등학교 졸업인 가구의 70.5퍼센트가 소득 하위 40퍼센트에 속했다. 소득 상위 20퍼센트에 속한 가구는 1.8퍼센트에 불과했다. 반면 가구주가 4년제 대학을 졸업한 가구의 80퍼센트가량은 소득 상위 40퍼센트에 속했다. 소득 하위 20퍼센트에 속하는 가구는 2.9퍼센트였다. 가구주의 학력이 가구의 소득에 많은 영향을 끼치고 있다.●

사람의 키나 몸무게 같은 신체 조건도 소득에 영향을 미친다는 통계도 많다. 2016년에 영국의 한 연구팀은 12만 명의 자료를 분석했다. 평균에 비해 키가 작은 남자와 몸무게가 많이 나가는 여자의 연봉이 1,600달러 정도 적었다.[**] 미국 대통령 선거에서도 키가 큰 사람이 당선된 확률이 70퍼센트 정도로 더 높았다.[***]

위 통계들은 어떤 사람의 소득이 학력이나 신체 조건에 영향을 받는 것 같다고 말해준다. 그렇다면 소득은 다른 조건의 영향을 받는 것이다. 이처럼 어떤 사건이 다른 사건이 일어날 가능성에 영향을 미칠 때, 두 사건을 종속이라고 한다. 독립적이지 않으면 모두 종속이다.

---

[*] 《서울신문》 2022년 1월 25일자 기사 참고, https://www.seoul.co.kr/news/newsView.php?id=20220126018032

[**] 《국민일보》 2016년 3월 9일자 기사 참고, https://m.kmib.co.kr/view.asp?arcid=0923456790

[***] 《매일경제》 2015년 11월 9일자 기사 참고, https://www.mk.co.kr/news/world/view/2015/11/1066389/

다른 사건의 영향을
받느냐, 안 받느냐?

2021년에 발표된 자료에 따르면, 어느 한국인이 기대수명인 83세까지 살 경우 암에 걸릴 확률은 37.9퍼센트였다. 남자는 39.9퍼센트이고, 여자는 35.8퍼센트다. 남자가 여자에 비해 암에 걸릴 확률이 더 높다.[*] 한편 유전에 의해 암에 걸릴 확률은 전체 암의 8퍼센트다. 유전적 요인이 작용한다는 뜻이다.

어떤 한국인이 암에 걸릴 확률이 37.9퍼센트라고 하지만 이는 평균치다. 실제 확률은 남자냐 여자냐에 따라, 가족력이 있느냐 없느냐 등에 따라 달라진다. 사람마다 조건에 따라 암에 걸릴 확률이 달라진다. 한국인이라고 해서 모두 동일한 게 아니다. 암에 걸릴 확률을 보려면, 어떤 사람인가를 고려해야 한다.

어떤 사건에 대한 확률을 계산하려면, 그 사건과 다른 사건의 관계를 살펴야 한다. 다른 사건과 독립인지 종속인지를 알아야 한다. 독립일 때와 독립이 아닐 때 확률을 계산하는 법이 다르다.

두 사건이 독립인지 종속인지를 어떻게 알 수 있을까? 두 사

---

[*] 《중앙일보》 2021년 12월 29일자 기사 참고. https://www.joongang.co.kr/article/25036530 #home

건이 독립인지 아닌지를 판단하면 된다. 독립이 아니면 나머지는 모두 종속이기 때문이다. 두 사건이 독립인지의 여부는 계산을 통해 확인 가능하다.

대표적인 독립사건인 주사위 던지기를 생각해보자. 두 번 던져 첫 번째는 소수가 나오고, 두 번째는 5의 배수가 나올 확률을 구해보라. 소수는 2, 3, 5이므로 소수가 나올 확률은 $\frac{3}{6}$이다. 5의 배수는 5뿐이므로, 5의 배수가 나올 확률은 $\frac{1}{6}$이다. 두 사건이 동시에 발생할 확률은 $\frac{3}{6} \times \frac{1}{6}$이다. (동시에 일어난다는 것은, 연달아 발생한다는 뜻이다.)

독립인 두 사건이 동시에 발생할 확률은, 각 사건이 일어날 확률을 곱한 것과 같다. 그렇지 않다면 두 사건은 독립이 아니다.

A와 B가 독립이다.

$\longrightarrow$ A와 B가 동시에 일어날 확률

= A가 일어날 확률 × B가 일어날 확률

$p(A \cap B) = p(A) \times p(B)$

A와 B가 독립이 아니다.

$\longrightarrow$ A와 B가 동시에 일어날 확률

$\neq$ A가 일어날 확률 × B가 일어날 확률

$p(A \cap B) \neq p(A) \times p(B)$

열역학 제4법칙:

만약 성공 확률이 거의 1이 아니라면,

그것은 거의 0에 가깝다.

Fourth Law of Thermodynamics:

If the probability of success is not almost one,

then it is damn near zero.

—

영화감독 데이비드 엘리스(David R. Ellis, 1952~2013)

10

**조금 특별한
확률도 있다!**

사건이 일어나는 경우가 단순하지 않기에, 사건에 대한 확률 역시 단순하지 않다. 모든 확률이 주사위 던지기처럼 맑고 투명한 파란 하늘 같다면 좋으련만, 확률 역시 복잡하게 진화해왔다. 현실에서 발생하는 복잡한 사건의 확률을 더 정밀하고 예리하게 포착하기 위해서였다.

>

인공지능 스피커에게 노래 한 곡을 틀어달라고 했을 뿐인데, 그 곡이 끝나면 비슷한 느낌의 다른 노래들이 재생된다. 재미있 다던 영화 하나를 보고 나면, 더 흥미진진해 보이는 다른 영화들 이 화면 가득 소개된다. 심심해서 애완견 동영상을 검색해보고 나면, 애완견뿐만 아니라 다른 동물의 동영상이 연이어 재생된 다. 화면에서 눈을 떼지 못하게 한다.

모든 것에 추천 알고리즘이 작동하고 있다. 이용자가 특정 콘텐츠를 다 소비하면, 그 이용자가 좋아할 법한 다른 콘텐츠를 선별하여 추천해준다. 어떤 콘텐츠들이 좋다고 말해준 적도 없는 데 알아서 추천해준다. 2021년의 기사에 따르면, 유튜브에서 본 영상의 70퍼센트가 알고리즘이 추천한 영상이라고 한다.[*] 우리 가 이용한다기보다는 이용당하고 있는 셈이다.

추천 알고리즘은 어떤 방법으로 이용자의 성향을 파악해 추

---

[*] 《조선일보》 2021년 1월 1일자 기사 참고, https://www.chosun.com/economy/tech_it/2021/01/01/ IYRYZY6L45GVFB6IUKDDGDRLHY/

천하는 것일까? 그 비밀은 확률에 있다.

　A씨가 힙합 음악을 검색해 감상했다. 그러면 알고리즘은 그 음악과 취향이 비슷한 사람들의 데이터를 활용한다. 그런 사람들이 좋아했던 다른 콘텐츠 중, A씨가 보지 않은 콘텐츠가 무엇이 었는가를 찾아낸다. 그 콘텐츠를 A씨에게 추천한다.

　취향이 비슷한 사람이라면, 좋아하는 콘텐츠가 비슷할 확률이 높다. 추천 알고리즘은 축적된 데이터를 통해 힙합 음악을 좋아한 사람이 어떤 음악을 더 선호했는가를 파악한다. 로맨스 영화를 더 좋아하는지, 스릴러를 더 좋아하는지, 판타지를 더 좋아

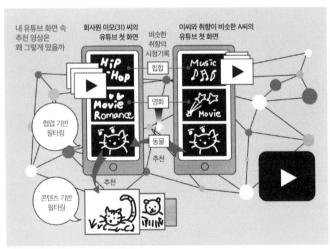

유튜브의 추천 알고리즘 설명도●

하는지 그 확률을 따져본다. 그래서 확률이 가장 높은 콘텐츠를 추천한다.

사건 A가 일어났을 때 사건 B가 일어날 확률을 조건부확률이라고 한다. 힙합 음악을 좋아할 때 로맨스 영화를 좋아할 확률 같은 것이다. A라는 조건에서 B라는 사건이 발생할 조건부확률을 P(B|A)라고 표기한다. 계산법은 이렇다.

$$P(B|A) = \frac{P(A \cap B)}{P(A)}$$

● 《조선일보》 2021년 1월 1일 기사 참고. https://www.chosun.com/economy/tech_it/2021/01/01/IYRYZY6L45GVFB6IUKDDGDRLHY/

행위의 결과는 그것이 다시 발생할 확률에 영향을 미친다.

The consequences of an act affect the probability of its occurring again.

—

심리학자 B. F. 스키너(B. F. Skinner, 1904~1990)

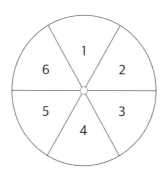

점수가 적힌 과녁이 빠르게 돌아가고 있다. 그 과녁을 향해 다트를 던진다. 워낙 빠르게 회전하기 때문에 무작위로 던지는 것과 같다. 점수가 가장 높은 칸에 다트가 꽂힐 확률은 얼마나 될까?

사건이 발생할 수 있는 모든 경우의 수란, 다트가 과녁에 꽂히게 될 경우의 수다. 그 경우의 수는, 셀 수 없을 정도로 무한히 많다. 과녁 안의 모든 점에 꽂힐 수 있는데, 과녁 안에는 무한히 많은 점이 있다. 6이 적힌 칸에 다트가 꽂힐 사건의 경우의 수 역시 무한이다. 역시나 셀 수 없다. 그 칸의 넓이가 과녁 전체에 비해서는 좁지만, 그 안에도 무한히 많은 점이 있다.

$$6\text{이 적힌 칸에 꽂힐 확률} = \frac{\text{무한}}{\text{무한}} = ?$$

일반적인 사건에서는 경우의 수가 몇 개로 제한되어 있었다. 로또 복권처럼 경우의 수가 클지라도 유한하다. 그런데 경우의 수가 무한인 사건도 있다. 무한할 뿐만 아니라 선분이 연속하듯이 연속하기까지 한다. 이런 사건의 확률을 기존의 계산식으로 구할 수는 없다. 분모나 분자 모두 무한이 되어버리기 때문이다.

사건이 발생하는 경우가 연속일 때는 확률을 달리 계산해야 한다. 연속으로 발생하기에 경우의 수는 의미가 없다. 대신에 길이나 넓이와 같은 기하의 크기를 이용한다. 과녁 전체의 넓이가 확률의 분모가 되고, 6이 적힌 칸의 넓이가 확률의 분자가 된다. 그래서 6이 적힌 칸에 다트가 꽂힐 확률은 $\frac{1}{6}$ 이다.

$$6\text{이 적힌 칸에 꽂힐 확률 } p = \frac{6\text{이 적힌 칸의 넓이}}{\text{전체의 넓이}} = \frac{1}{6}$$

이런 확률을 기하적 확률이라고 한다. 길이나 넓이, 부피 같은 도형의 크기를 활용해 확률을 구하기 때문이다. 버스를 기다려야 할 시간에 대한 확률이라든가, 키나 몸무게처럼 연속하는 크기에 대한 확률은 모두 기하적 확률에 해당한다.

사건은 두 가지로 나뉜다. 자연수처럼 끊어지는 경우와 실수처럼 연속으로 이어진 경우다. 끊어지는 경우를 '이산적', 끊어짐 없이 쭉 이어진 경우를 '연속적'이라고 한다.

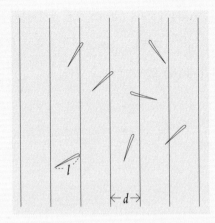

뷔퐁의 바늘 문제는 최초의 기하적 확률 문제다

d만큼의 간격마다 선이 그어져 있다.

그 위에 길이가 ℓ인 바늘을 던진다.

어떤 바늘은 선에 걸칠 것이고, 어떤 바늘은 선 사이에 떨어질 것이다.

바늘이 선에 걸치게 될 확률은 얼마일까?

대표적인 기하적 확률 문제다.

$>$

동전 하나를 세 번 연달아 던지는 시행을 한다. 앞면이 나오는 횟수에 대한 확률을 구해보자. ㅇ은 앞면 ㄷ은 뒷면을 뜻한다.

앞면이 0개인 경우: (ㄷ, ㄷ, ㄷ)

앞면이 1개인 경우: (ㅇ, ㄷ, ㄷ), (ㄷ, ㅇ, ㄷ), (ㄷ, ㄷ, ㅇ)

앞면이 2개인 경우: (ㅇ, ㅇ, ㄷ), (ㅇ, ㄷ, ㅇ), (ㄷ, ㅇ, ㅇ)

앞면이 3개인 경우: (ㅇ, ㅇ, ㅇ)

앞면의 개수(X)에 따른 확률은 다음과 같다.

X	0	1	2	3	합계
확률 p (X=x)	$\dfrac{1}{8}$	$\dfrac{3}{8}$	$\dfrac{3}{8}$	$\dfrac{1}{8}$	1

앞면의 개수마다 확률이 대응하고 있다. 개수 하나마다 확률 하나씩이다. 앞면의 개수와 확률은 함수 관계에 있다. 앞면의 개

수는 정의역이고, 각각의 확률은 치역이다. 함수 y=f(x)의 x에 해당하는 것은 앞면의 개수인 X이고, y에 해당하는 것은 확률 p다.

이제 확률은 함수로도 표현된다. 앞면의 개수와 같은 이산적 사건의 확률을 알려주는 함수를 확률질량함수라고 한다. 이산적 사건의 확률분포를 알려주는 함수다. 확률인 함숫값을 모두 더하면 1이다. 함수이니만큼 그래프로도 표현된다.

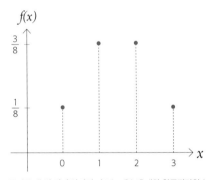

동전을 세 번 던져 앞면이 나오는 개수에 대한 **확률질량함수**

>

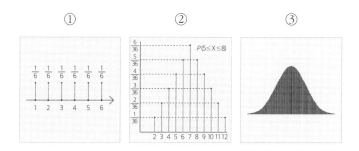

주사위를 한 번 던진다. 1부터 6까지의 각 숫자가 나올 확률은 $\frac{1}{6}$이다. ①의 그래프다. 주사위를 두 번 던져보자. 나온 눈의 합을 더한 후, 2로 나눠 평균을 구하자. 그 값은 1, 1.5, 2, … 5.5, 6 이렇게 된다. 각 값이 나올 확률의 그래프가 ②다. 횟수를 늘려 주사위를 던진 후, 나온 눈의 합의 평균을 구해보라. 그 값은 1부터 6 사이의 더 많은 수가 될 것이다. 횟수를 늘릴수록 각 값이 나올 확률을 그린 그래프는 ③의 형태를 띤다.

횟수가 늘어날수록 그래프는 더 촘촘해진다. 그처럼 확률변수가 연속이 되면 그래프 역시 연속이 된다. 선으로 쭉 이어져 있다. 그래도 변수 하나에 확률 하나가 대응하는 함수가 된다. 이처

럼 경우의 수가 연속적인 사건의 확률 분포를 확률밀도함수라고
한다. 연속하는 사건의 확률 분포를 알려준다.

확률밀도함수에서 그래프의 아랫부분을 모두 합하면 1이다.
모든 사건의 확률을 더하면 1이 되어야 하기 때문이다. 그런데 확
률밀도함수에서는 X＝5일 때처럼 특정 사건 하나가 발생할 확률
은 존재하지 않는다. 그러면 확률의 성질이 깨져버린다.

연속하는 사건에서 경우의 수는 무한히 많다. 각 경우마다
크건 작건 일정 크기의 확률이 존재한다고 해보자. 경우의 수가
무한하므로 그런 값들을 무한히 더하면 최종 합 역시 무한이 된
다. 확률의 총합이 1이라는 확률의 성질을 벗어난다.

확률밀도함수에서 확률은 2≤X≤3처럼 구간에 대해서만 존
재한다. 전체에서 그 구간의 넓이가 차지하는 비율이 곧 확률이
다. 전체 넓이가 1이므로, 그 구간의 넓이가 곧 확률이다.

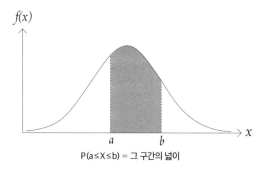

P(a≤X≤b) = 그 구간의 넓이

기후변화가 돌이킬 수 없게 되는 한계점에

도달하기까지는 10년, 20년, 50년이 걸릴까?

아무도 알 수 없다. 분명히 확률 분포가 있다.

우리는 이 행성의 안전을 확보해야 한다. 그리고 빨리 해야 한다.

Is it 10 years, 20, 50 before we reach that tipping point where climate

change becomes irreversible? Nobody can know.

There's clearly a probability distribution.

We need to ensure this planet, and we need to do it quickly.

—

사업가 비노드 코슬라(Vinod Khosla, 1955~)

11

이론적 확률과
통계적 확률은
같을까?

확률에는 이론적 확률과 통계적 확률이 있다. 주사위를 던질 때의 확률을 이론적으로도 통계적으로도 구할 수 있다. 그 두 확률은 같을까? 만약 두 확률이 같지 않다면 어떻게 되는 걸까? 그 문제를 살펴보자.

이론적 확률과 통계적 확률은 똑같지 않다

>

로또 복권은 매회 총 6개의 당첨번호를 선정한다. 45개의 숫자 중에서 6개를 고른다. 무작위로 뽑기 때문에 각 숫자는 골고루 뽑혀야 한다. 각 숫자가 당첨번호에 포함된 횟수는 같거나 비슷해야 한다. 각 숫자가 뽑힌 확률은 약 $\frac{1}{45}$(약 2.2퍼센트)이 되어야 한다. 이론적으로는 그렇다.

실제로도 그럴까? 2022년 8월 11일 현재까지 진행된 1027회의 데이터를 확인해보자. 매회 6개의 숫자가 1027회에 걸쳐 뽑혔다면, 뽑힌 숫자는 총 6162(6×1027)개다. 그 수를 45로 나누면, 각 숫자가 뽑힐 평균 횟수가 된다. 6162÷45=136. 각 숫자가 뽑힐 확률이 같다면 평균 136회 정도가 되어야 한다. 실제 결과는 다음과 같다.

34번은 총 158회나 당첨되었다. 평균인 136회보다 20회 이상 많다. 통계적 확률은 $\frac{158}{6162}$로 약 2.6퍼센트에 가깝다. 반면에 9번은 당첨 횟수가 111회에 불과하다. 평균에 비해 20회 이상 적다. 통계적 확률은 $\frac{111}{6162}$로 약 1.8퍼센트다. 34번과 9번의 당첨 횟수 차이는 47이나 된다.

번호	그래프	당첨횟수
34		158
18		153
27		149
:		
22		117
32		115
9		111

로또 당첨번호 누적 횟수

　　로또 번호의 실제 당첨 결과는, 이론적인 결과와 차이가 많다. 1027회나 진행되었기에 횟수가 결코 적은 것도 아닌 것 같은데 말이다. 이 차이를 어떻게 해석해야 하는 걸까?

>

확률에 있어서 이론과 실제의 차이를 우리는 늘 경험한다. 강수 확률이 70퍼센트 내지는 80퍼센트라고 해도 비가 오지 않는 경우는 흔하다. 각 면이 나올 확률이 $\frac{1}{6}$로 똑같다지만, 주사위를 던지다 보면 6, 6, 6처럼 같은 수가 연달아 나오는 경우도 종종 있다.

같은 사건에 대해 이론적 확률과 통계적 확률이 다르다면 큰 문제다. 문제 하나에 답이 두 개인 꼴이다. 수학에서는 그런 일이 절대로 발생해서는 안 된다. 문제가 명확하다면, 답 역시 하나로 명확해야 한다.

이론과 현실이 다를 때 수학은 누구의 손을 들어줄까? 수학은 철저히 이론 편이다. 수학문제를 풀 때는 이성적이고 논리적으로 접근한다. 경험은 수학에서 보조 수단이다. 경험적 지식은 완전하지 않다.

수학적 확률이라면 이론적 확률이다. 이론적 확률이 수학에서 공식적으로 채택하는 확률이다. 그럼 통계적 확률과 이론적 확률 사이의 관계가 문제로 남는다. 이론적 확률이 수학의 입맛에 맞더라도, 통계적 확률에 대해 적절히 해석해줘야 한다. 그 둘 사이의 다리 역할을 해주는 법칙이 있다. '큰수의 법칙'이다.

확률의 법칙은 대개는 사실이다.

하지만 특별한 경우에는 틀리다.

The laws of probability, so true in general,

so fallacious in particular.

—

역사가 에드워드 기번(Edward Gibbon, 1737~1794)

큰수의
법칙

<

주사위를 6회 던진다고 해서 1부터 6까지가 한 번씩 나오는 경우는 드물다. 그렇다면 오히려 더 의심해봐야 한다. 어떤 수는 두 번 또는 세 번도 나올 테고, 어떤 수는 한 번도 안 나오기도 한다. 들쑥날쑥하다. 하지만 주사위를 60회, 600회 또는 6,000회 던져보라. 그러면 각 눈의 확률은 거의 $\frac{1}{6}$에 가깝게 된다. 이것이 큰수의 법칙이다.

큰수의 법칙이란 시행횟수를 크게 하면 이론적 확률과 통계적 확률의 차이가 0에 가까워질 확률이 1에 가까워진다는 것이다. 말이 좀 꼬여 있지만 어쩔 수 없다. 마음 같아서는 시행횟수를 크게 하면 이론적 확률과 통계적 확률이 같아진다고 하고 싶다. 하지만 그건 정확하지 않다.

이론적 확률과 통계적 확률의 차이가 0에 가까워진다는 것은 둘이 거의 같아진다는 뜻이다. 시행횟수를 크게 할수록 그렇게 될 확률이 1에 가까워진다. 꼭 1이 된다는 건 아니기에 안 그럴 수도 있다.

어쨌거나 시행횟수를 크게 하면 이론적 확률과 통계적 확률의 차이는 줄어든다. 시행횟수가 작으면 한쪽으로 치우치거나 굉장히 튀는 결과가 나오기 쉽다. 하지만 시행횟수를 늘리면 그런 문제가 서서히 사라진다.

큰수의 법칙을 통해, 이론적 확률과 통계적 확률의 관계는 적절히 설정되었다. 이론적 확률이 통계적 확률을 품을 수 있게 되었다. 통계적 확률이 이론적 확률과 다르다면, 시행횟수를 더 늘려보라. 통계적 확률이 이론적 확률과 같아질 가능성이 높아진다. 둘이 같아진다고 말할 수는 없지만, 거의 같아질 거라고 말할 수는 있다

규정타석수는 446

2022년 4월 롯데 한동희의 타율은 0.427이었다.

하지만 시즌이 진행되면서 9월 21일 현재 타율은 0.312다.

시행횟수가 많아질수록 안정적인 확률이 나온다.

그래서 규정타석 제도가 있다.

기록으로 인정받기 위한 최소 타석수를 규정한 것이다.

큰수의 법칙이 적용된 셈이다.

—

일어날 일은
반드시 일어난다

>

어느 누가 다가와 이길 확률이 800만 분의 1(0.00000125)인 게임에 돈을 걸라고 한다. 당신은 그 게임을 하겠는가? 대부분 사람은 하지 않을 것이다. 이길 확률이 너무 낮아서 사실상 가능성이 없는 게임이기 때문이다. 확률이 50퍼센트만 되어도 할까 말까 고민하는 게 보통 아닌가.

확률이 거의 0에 가까운 사건은 (시행횟수가 몇 번 안 된다면) 거의 일어나지 않는다. 하지만 시행횟수를 크게 늘리면 양상이 달라진다. 큰수의 법칙을 떠올려보라. 시행을 많이 하면 통계적 확률과 이론적 확률은 거의 같아진다. 그렇다면 극히 낮은 확률의 사건도 현실에서는 일어나야 한다.

승률이 800만 분의 1이라는 게임에 당첨되는 사람이 매주 있다는 걸 우리는 안다. 로또 복권에 당첨되는 사람이다. 그것도 여러 명이다. 내가 그런 사람이 아니라는 게 현실일 뿐이다.

2020년에 로또는 평균적으로 하루에 130억 원 어치 판매되었다고 한다.[*] 한 장에 천 원이니까, 하루에 보통 1,300만 장이 판매된 것이다. 이렇게 많이 판매되기에 매주 800만 분의 1이라는 확률에 당첨되는 사람이 몇 명씩 나오는 것이다.

시행횟수가 충분히 크다면, 일어날 일은 반드시 일어난다. 누가 번개에 맞아 죽겠냐고 하지만 그런 사람은 꼭 있다. MDP 증후군(Mandibular hypoplasia, with Deafness and Progeroid features)은 먹어도 먹어도 살이 빠지는 희귀질환이다. 병에 걸릴 확률이 6억 분의 1이란다. 하지만 세계 인구가 6억보다 많기에 그런 병에 걸린 이가 13명이나 존재한다.**

● 《연합뉴스》 2021년 1월 14일자 기사 참고. https://www.yna.co.kr/view/AKR20210114075000002/
●● 《인사이트》 2021년 11월 24일자 기사 참고. https://www.insight.co.kr/news/369565

만약 자연이 우리에게 무언가를 가르쳤다면,

그것은 불가능한 일이 일어날 가능성이 있다는 것이다.

If nature has taught us anything it is that the impossible is probable.

—

예술가 일리야스 카삼(Ilyas Kassam, 1986~)

때에 따라 구분해서
적용하자!

<

이론적 확률이 수학에서 인정받는다고 하더라도, 현실에서 훨씬 유용한 것은 통계적 확률이다. 그것이 우리가 살고 있는 세계의 진짜 확률이니까. 물론 통계적 확률에 오류가 섞여 있을 가능성은 있다. 자칫 잘못하면 어떤 사건에 대한 통계적 확률은 오락가락한다. 어느 게 진짜 확률인지 판단할 근거가 전혀 없다. 그래서 이론적 확률이 필요하다.

통계적 확률이 이론적 확률에 비해 눈에 띄게 다르다면 어떻게 해야 할까? 왜 그런지를 살펴봐야 한다. 조작이나 오류 같은 요인이 끼어들었을 가능성이 있다. 시행횟수를 늘려도 6이 많이 나오는 주사위라면, 주사위 자체가 잘못 만들어져 있을 수도 있다.

오류가 없는데도 통계적 확률이 이론적 확률과 다르다면, 다른 영향이 끼어 있는 것이다. 현실에는 다양한 요인이 복합적으로 작용한다. 모든 물체는 지구를 향해 수직으로 떨어져야 하지만, 깃털은 옆으로 날아간다. 왜? 바람이 불어서다. 통계적 확률이 이론적 확률과 다르다면 그렇게 만드는 요인이 있다는 뜻이다.

모든 사건에 대해 이론적 확률과 통계적 확률이 존재하는 건 아니다. 외계인이 존재할 확률이라든가, 정체가 밝혀지지 않은 전염병에 사망할 확률이라든가, 우연히 탄 기차에서 이상형의 연인을 만날 확률 같은 것은 그 통계 데이터를 구할 수 없다. 그런 경우에는 이론적 확률로라도 가능성을 점쳐보는 게 현명하다.

　　현실은 복잡하기에 이론적 확률을 곧이곧대로 믿기 어렵다. 그럴 때는 통계적 확률이 더 실제적이고 유용하다. 야구 경기에서 이길 확률, 코로나에 걸릴 확률은 통계적 확률로 접근해야 한다. 때와 조건에 따라서 이론적 확률과 통계적 확률을 잘 활용해야 한다. 이론적 확률과 통계적 확률과의 관계를 통해 주어진 문제를 더 입체적으로 볼 줄도 알아야 한다.

4부

확률과 통계,
어디에 써먹을까?

12

그래도 믿을 것은
통계와 확률뿐!

확률과 통계의 상세한 계산 과정과 의미는 모르더라도 용어만큼은 이제 익숙하다. 어떤 일이든 확률과 통계를 근거로 판단하는 방식이 일반화되었다. 선택과 판단의 근거로 확률과 통계가 자리 잡고 있다. 그래도, 그나마, 믿을 만하기 때문이다.

통계를 보고
선택한다

>

    텀블러를 하나 사려고 쇼핑사이트에서 검색해보면, 텀블러 하나를 사고 싶을 뿐인데, 수백 개의 제품이 검색되는 걸 알 수 있다. 어느 제품을 선택해야 할까? 고민이 시작된다. 하나만 사면 되는데, 종류가 많아서 선택하기가 힘들다. 하나하나 살펴보자니 시간이 많이 걸린다. 많이 둘러본다고 해서 결정이 탁 내려지는 것도 아니다.

    선택의 순간에 갈등하는 모습은 이제 일상이 돼버렸다. 정보의 양은 어마어마하게 늘었다. 자신의 경험적 데이터를 통해 판단할 수 있는 경우가 줄어만 간다. 정보의 양과 정보 처리 능력의 격차가 발생한다. 선택의 순간에 우물쭈물 머뭇거리기 쉽다.

    이때 확률과 통계는 매우 요긴한 근거로 작동한다. 숫자로 되어 있어 이것저것 판단하고 해석해야 할 필요도 없다. 수치를 읽고 비교할 수 있을 정도만 되어도 충분하다. 확률과 통계가 판단과 선택에 대한 부담을 줄여준다. 그나마 다행이고, 정말 고맙다!

리뷰와 평점 평균 쇼핑, 여행, 서비스 등 영역을 가리지 않고 리뷰와 평점이 있다. 다른 소비자의 선택에 아주 많은 영향을 끼친다. 그걸 보고 선택하는 사람이 많다.

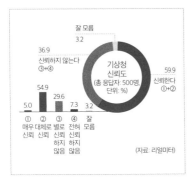

기상청 신뢰도의 통계 자료 일기예보가 자주 틀려 못 믿을 게 일기예보라지만, 우리 국민 중 60%는 기상청을 신뢰한다. 미우나 고우나 확률과 통계가 중요한 판단 근거라는 얘기다.

4부_ 확률과 통계, 어디에 써먹을까?

>

위 도판은 점이 찍힌 영국 런던의 지도와, 런던의 브로드가에 보존된 우물펌프 사진이다. 이 지도와 우물펌프로 인해서, 전염병의 원인을 밝혀내는 분야인 역학이 탄생했다.

1854년 8월 런던에서 수백 명의 사람들이 죽어갔다. 종종 발생했던 콜레라가 또 퍼져 사람들의 목숨을 앗아갔다. 원인을 밝혀보고자 노력했던 의사가 있었다. 존 스노(John Snow, 1813~1858)였는데, 왕비의 수술을 담당할 정도로 인정받는 사람이었다.

당대 사람들은 콜레라가 나쁜 공기로 전염된다고 생각했는

데, 존 스노는 콜레라는 공기가 아닌 물을 통해 전파된다고 확신했다. 그러나 그 사실을 입증할 수 없었다. 그는 통계를 활용했다. 지도 위 사망자의 주소지에 점을 찍었다. 찍고 보니 브로드가에서 가장 많은 사망자가 나왔다. 심층 조사를 통해 우물이 문제였음을 밝혀냈다. 그는 당국에 그 사실을 알리고, 브로드가의 우물펌프를 폐쇄하게끔 했다. 이후 콜레라의 기세는 꺾였다.

존 스노는 통계를 활용해 상황을 파악했고 그 원인을 밝혀냈다. 그럼으로써 전염병의 확산을 막아냈다.

확률과 통계는 현상을 이해하는 데 매우 효과적이다. 데이터를 분석하면 그 뒤에 숨어 있던 원인이나 배후가 드러난다. 일상의 문제를 해결해주는 최적의 솔루션을 제공해준다.

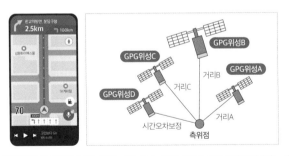

내비게이션에도 확률이 활용된다 GPS는 최소 위성 4개를 이용해 현재 위치를 파악하는 시스템이다. GPS가 안 잡히거나 불분명해 정확한 위치를 파악하지 못하는 경우가 발생한다. 그때는 파악된 정보로 가능한 경우의 수를 따져본다. 그리고 확률이 가장 높은 곳을 현재 위치로 정한다

4부_ 확률과 통계, 어디에 써먹을까?

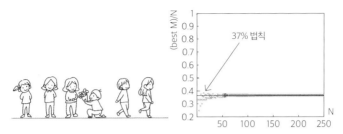

최적 멈춤 문제의 솔루션, 37% 법칙 N명의 이성 중에서, 마음에 드는 최고의 짝을 찾고자 한다. 한 번 지나치면 그 사람을 다시 볼 수 없다. 최고의 짝을 찾을 확률이 가장 높은 전략은 뭘까? '탐색 후 뛰어들기'다. 우선 M명을 탐색만 하고 그냥 보낸다. 이후 탐색을 다시 하되, M명 중 가장 마음에 들었던 사람보다 더 좋은 사람이 나타나면 무조건 멈춰 프러포즈를 한다. 가장 적절한 M의 크기는 얼마일까? 수학은 M의 크기에 대한 해를 구했다. 37%다. 대상의 37%를 그냥 탐색만 한다. 이후 뛰어들기를 하면 최고의 대상을 만날 확률이 제일 높다. 그 확률의 크기 또한 37%이다. 상품이나 사람 등에 적용 가능하다.

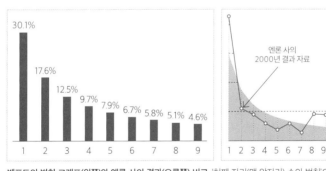

벤포드의 법칙 그래프(왼쪽)와 엔론 사의 결과(오른쪽) 비교 '첫째 자리(맨 앞자리) 수의 법칙'으로도 불린다. 일상생활에서 실제로 사용되는 자연스러운 수의 첫째 자리 수만 대상으로 했다. 수가 크건 작건 상관없다. 첫째 자리의 수에 1부터 9까지의 수가 얼마나 사용되고 있는가를 통계적으로 분석해봤다. 각종 데이터를 분석해보니 1이 30%, 2는 17.6% 정도였다. 뒤로 갈수록 비율은 줄었다. 그 분포를 벤포드의 법칙이라고 한다. 금융사기나 회계 조작 같은 사건을 밝혀내는 데 사용되기도 한다. 국세청이나 금융감독원 같은 곳에서 실제로 활용한다. 미국의 엔론 사태가 제일 유명하다. 이 회사의 숫자들이 벤포드의 법칙에 어긋난다는 점이 빌미가 되어 사기가 들통났다. 통계가 밝혀낸 매우 유용한 법칙이다.

13

새로운 분야를
개척해간다

확률과 통계는 영역을 가리지 않고 적용 가능하다. 활용 가능성이 무궁무진하다. 어디에나 통계는 존재하고, 통계가 있다면 확률 또한 존재하기 때문이다. 확률과 통계를 통해 새롭게 만들어진 분야가 많다. 수학 안에서도 수학 바깥에서도!

>

우유에 홍차   홍차에 우유

　우유에 홍차를 넣느냐, 홍차에 우유를 넣느냐? 이것이 문제였다. '부먹이냐 찍먹이냐?' 논쟁의 예전 버전이다. 우유에 홍차를 넣는 게 더 맛있을까, 홍차에 우유를 넣는 게 더 맛있을까? 이 우유-홍차 논쟁은 1930년대의 역사에 남을 실험으로 이어졌다. 그 실험으로 인해 어떤 가설이 옳은지를 검증해보는 방법이 탄생했다.

　로널드 피셔(Ronald Aylmer Fisher, 1890~1962)는 영국의 통계

학자다. 그는 우유-홍차 논쟁과 관련된 이야기를 전해 들었다. 방법에 따라 맛이 달라지는데, 어떤 여인이 그 차이를 정확히 식별해낼 수 있다는 거였다. 정말인지 피셔는 궁금했다.

어떻게 해야 그 여인에게 식별 능력이 있다는 걸 검증해볼 수 있을까? 피셔는 실험을 설계해보기로 했다. 그 여인을 데려다가 맞혀보라고 하면 될까? 문제는 그리 간단하지 않았다. 식별 능력이 없는데도 우연히 실험 결과가 좋을 가능성이 있기 때문이다.

식별 능력이 없는 사람이 우유에 홍차를 넣은 건지 홍차에 우유를 넣은 건지를 맞힐 확률은 $\frac{1}{2}$이다. 상당히 높다. 식별 능력이 없는데도 있는 것처럼 결과가 나올 가능성이 얼마든지 있었다. 그럴 가능성을 배제해야 했다.

>

　실험을 위해 피셔는 8잔의 차를 준비했다. 우유에 홍차를 탄 차 4잔과 홍차에 우유를 탄 차 4잔이었다. 물론 그 여인은 전혀 모른다. 피셔는 8잔을 잘 섞은 후 실험에 참여한 여인에게 무작위로 제공한다. 맛을 본 후 같은 종류의 차 4잔을 골라보게 했다. 그 여인이 3잔 이상을 맞히면, 식별 능력이 있는 걸로 보겠다고 했다.

　피셔는 일단 그 여인에게 식별 능력이 없다고 가정했다. 그 상태에서 3잔 이상을 맞힌다면, 우연히 그런 결과가 나오기는 어렵다고 본 것이다. 그럴 때는 식별 능력이 없다는 가정을 기각하고, 식별 능력이 있다고 보는 게 더 합리적이라고 생각했다.

　우연히 3잔 이상을 맞힐 확률은 얼마일까? 여인이 최종적으로 4잔을 고를 경우의 수는 70이다. 8개 중에서 4개를 택하는 경우의 수다. 4잔 모두 맞히는 경우의 수는 1이다. 3잔을 맞히는 경우는, 맞는 3잔을 뽑는 경우의 수 4에 틀린 1잔을 뽑는 경우의 수 4의 곱이다. 16이다. 고로 4잔 모두 맞힐 확률은 $\frac{1}{70}$ 이었고, 3잔을 맞힐 확률은 $\frac{16}{70}$ 이었다. 3잔 이상을 맞힐 확률은 총 $\frac{17}{70}$ 이었다. 약 25퍼센트에 해당한다.

차 선택	경우의 수	확률	가설검증
모두 맞힌 경우	1×1=1	$\frac{1}{70}$=1.4%	거짓
분리된 4잔에서 1잔만 틀린 경우	4×4=16	$\frac{16}{70}$=22.8%	
분리된 4잔에서 2잔이 틀린 경우	6×6=36	$\frac{36}{70}$=51.4%	참
분리된 4잔에서 3잔이 틀린 경우	4×4=16	$\frac{16}{70}$=22.8%	
모두 틀린 경우	1×1=1	$\frac{1}{70}$=1.4%	
전체	70		

실험 결과 그 여인은 모두 맞혔다고 한다. 그녀에게는 식별 능력이 있던 것이다.

과학적 상상력은 항상
확률의 한계 안에서 스스로를 제한한다.

The scientific imagination always restrains itself
within the limits of probability.

—

생물학자 토머스 헉슬리(Thomas Huxley, 1825~1895)

가설을 검증하는
방법

<

피셔는 가설을 검증하는 방법을 설계했다. 가설검정 또는 가설검증이라고 한다. 입증하고 싶은 새로운 가설은 대립가설이다. 기존의 가설인 귀무가설과 반대되는 가설이라는 뜻이다.

가설검정의 목적은 새로운 가설을 입증하는 것이다. 그러기 위해 기존의 가설을 전제로 한 상태에서 실험을 한다. 기존 가설 아래에서 실험 결과보다 더 극단적인 결과가 발생할 확률을 구한다. (우유-홍차 실험으로 치면, 우연히 3잔 또는 4잔을 맞힐 확률을 말한다.) 그 확률을 p값(p-value)이라고 한다.

가설검증의 핵심은 p값이다. 기존 가설이 옳다는 전제에서, 실험 결과보다 더 극단적인 사건이 일어날 확률이다. 이 값이 크다면, 기존 가설 안에서 실험 결과 정도의 사건이 발생할 확률은 높다. 반대로 p값이 낮다면, 기존 가설 안에서 그 정도의 사건이 발생할 확률은 낮다.

p값의 크기에 따라 결론을 내린다. p값이 어느 기준치보다 크면, 기존 가설을 유지한다. 기존 가설 아래에서도 그 정도의 일

은 일어날 수 있다고 본다. 반대로 p값이 어느 기준치보다도 작다면, 기존 가설을 버린다. 일어나기 힘든 경우라고 보고 새 가설을 채택한다. 그 기준치를 유의수준이라고 한다. 유의수준으로는 보통 0.05, 즉 5퍼센트가 사용된다.

가설검정은 새로운 가설을 검증하는 방법으로 자리 잡았다. 과학에서 새로운 이론의 타당성을 검증하거나, 새로운 상품이나 약의 효과를 검증하는 데 주로 적용된다. 가설검정에서 실험은 반드시 무작위적이어야 한다. 그래야 공정하다.

하지만 통계의 특성상 조작이 가능하다. 원하는 주장에 적합한 데이터를 의도적으로 취하거나, 그런 데이터가 나올 때까지 실험을 계속한다. 그러다 보니 입증됐다는 실험을 다시 할 때 같은 결과가 나오기 어렵다는 비판이 많이 제기된다. 검증의 정확성을 높이기 위해 유의수준을 5퍼센트에서 1퍼센트 또는 1퍼센트보다 더 작은 값으로 낮추거나, 가설검정 자체를 버리자는 주장도 있다.

51	63	42	87	99	78	24	36	15
43	52	61	79	88	97	16	25	34
62	41	53	98	77	89	35	14	26
27	39	18	54	66	45	81	93	72
19	28	37	46	55	64	73	82	91
38	17	29	65	44	56	92	71	83
84	96	75	21	33	12	57	69	48
76	85	94	13	22	31	49	58	67
95	74	86	32	11	23	68	47	59

최석정의 직교라틴방진은 조합론의 걸작 조선시대 문인이었지만 수학자이기도 했던 최석정의 『구수략』에 등장한다. 9차 마방진을 만들기 위한 방법으로 직교라틴방진을 고안했다. 서양의 수학자인 오일러보다 앞선 업적이었다. 조합론의 뛰어난 성과로 평가받는다. 조합론은 어떤 조건이나 성질을 만족시키는 경우의 수를 헤아리는 수학의 한 분야다.

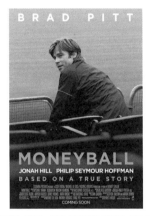

야구의 통계학, 세이버메트릭스 야구는 각종 데이터가 풍부한 스포츠로 유명하다. 야구를 통계로 접근하는 분야를 '세이버메트릭스'라고 한다. 데이터를 분석하여 각 선수나 구단의 실력이나 성적을 예측하고 경기를 운영하는 게 일반화되어 있다. 그런 사례를 잘 보여주는 영화가 〈머니볼〉이다. 통계적 방법론으로 팀을 운영해 미국 최고의 팀이 된 실제 사례를 바탕으로 했다.

실험을 계획하기에 가장 좋은 때는, 실험을 마친 이후다.

The best time to plan an experiment is after you've done it.

—

통계학자 로널드 피서(Ronald Fisher, 1890~1962)

14

과학이 확률의
날개를 달고 훨훨

과학에서 인과관계를 통해 해결하지 못하는 문제
가 많다. 그런 문제의 해결에도 확률과 통계가
효과적이다. 특히 양자역학은 확률이라는 개념
을 적극 도입했다. 확률을 통해 설명 불가능하
던 현상을 설명해냈다. 과학에서도 확률론적 세
계관이 등장하는 데 큰 역할을 했다.

>

선 같은 가느다란 틈이 두 개 있는 슬릿장치가 있다. 그 틈을 향하여 전자를 쏜다. 그 뒤에는 스크린이 있다. 틈을 통과한 전자는 그 스크린의 어디엔가 찍힐 것이다. 전자를 많이 쏜다면, 일정한 패턴이 스크린에 나타난다. 어떤 모양이 나타날까?

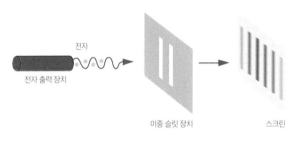

전자

전자 출력 장치

이중 슬릿 장치

스크린

이중 슬릿 실험

전자가 입자라면, 입자들이 보이는 일반적인 움직임을 보일 것이다. 틈을 통과한 공이 틈의 바로 뒤쪽으로 날아가듯이, 전자들은 슬릿 장치 바로 뒤쪽에 두 개의 선 모양으로 찍혀야 할 것이다. 하지만 실제 결과는 달랐다. 위 그림처럼 간섭무늬라고 불리는 형태의 모양이 되었다. 여러 개의 줄무늬가 나타났다. 가운데 부분에 가장 많은 전자가 찍혔고, 가장자리로 갈수록 찍힌 전자의 개수는 줄어들었다.

실험 결과는 전자나 빛의 알갱이인 광자가 입자일 거라는 일반적인 생각과 달랐다. 오히려 파동의 움직임과 같았다. 물 위 두 지점에서 만들어진 파동이 만났을 때 형성되는 모양이었다. 전자는 파동처럼 움직였다. 입자를 던졌는데 결과는 파동의 움직임이었다. 이와 같은 전자의 움직임을 설명하며 등장한 과학이 양자역학이다.

양자역학은 광자나 전자 같은 미시세계의 통계적 결과를 통해 등장했다. 그 통계 데이터를 분석하고 설명하기 위한 과정에서 형성되었다. 경험적 통계로부터 탄생한 이론적 학문이다.

>

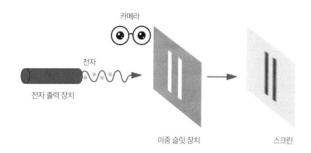

관찰의 효과가 파동을 입자로 만든다

기존의 이중 슬릿 실험에 장치 하나를 도입했다. 전자가 어디로 통과하는지 직접 관찰하기 위해 카메라를 추가했다. 그러면 스크린에 어떤 무늬가 나타날까? 파동에서 보이는 간섭무늬가 여전히 나타날까? 카메라를 설치했다고 전자의 움직임이 달라질 리는 없을 것 같았다. 그런데 결과는 딴판이었다. 간섭무늬가 사라지고, 두 개의 줄무늬만 나타났다. 입자처럼 움직인 것이다.

관찰 전에 전자는 파동처럼 움직였다. 관찰자가 나타나자 전자들은 움직임의 양상을 바꿨다. 관찰자가 있다는 걸 알고 있다

는 듯이, 파동이 아닌 입자처럼 움직였다. 양자역학은 이 현상을
또 해석해냈다.

입자는 관찰 전에 파동처럼 움직인다. 그 움직임을 기술해주
는 게 파동함수다. 이때 입자는 파동처럼 두루두루 존재한다. 어
느 한곳에만 존재하는 게 아니다. 관찰자가 나타나는 순간 그 파
동함수는 붕괴된다. 파동이었던 전자는 입자가 되어 입자처럼 움
직인다. 어떤 위치에서 발견되는데, 그 위치는 확률적으로 예측
된다. 파동함수의 절댓값의 제곱이 입자가 특정 위치에 발견될
확률이다.

양자역학에서 입자의 움직임은 정확하게 하나로 예측되지
않는다. 여러 개의 상태가 확률적으로 포개어져 있다. 그 상태는
관찰에 의해 붕괴된다. 필연적인 인과관계에 의해 현상을 설명하
던 이전 과학과는 달랐다. 신은 주사위 놀이를 하지 않는다며, 아
인슈타인이 양자역학을 수긍하지 않던 이유였다. 확률적인 법칙
이란 아인슈타인에게 불완전한 법칙일 뿐이었다.

만약 우리가 우주의 행동 방식을 본다면,

양자역학은 우리에게 근본적이고, 피할 수 없는 불확정성을 준다.

그래서 우주의 대안적인 역사에도 확률을 할당해준다.

If we look at the way the universe behaves,

quantum mechanics gives us fundamental, unavoidable indeterminacy,

so that alternative histories of the universe can be assigned probability.

—

물리학자 머리 겔만(Murray Gell-Mann, 1929~2019)

확률적인
세계관

과학은 결국 양자역학도 옳은 것임을 밝혀냈다. 양자역학은 인류가 만들어낸 가장 정확한 이론으로 평가받는다. 양자역학을 통해 확률이 과학의 한복판으로 훅 들어왔다. 확률적 세계관이 다양한 영역에서 일상적인 것으로 받아들여지기 시작했다.

확률적 세계관의 모습을 상징하는 이야기가 '슈뢰딩거의 고양이'다. 슈뢰딩거가 양자역학적 세계관을 비판하면서 만든 이야기다. 미시세계의 움직임이 고양이의 삶과 죽음에 영향을 미치도록 설계한 사고 실험이었다. 미시세계가 확률적이라면, 그 세계와 연결된 고양이 역시 확률적으로 존재한단 말인가? 고양이가 살아 있으면서 죽어 있는 것이냐고 묻는 이야기였다.

양자역학의 세계관은 또 하나의 재미난 해석으로 이어졌다. 거시세계도 다양한 상태가 공존하다가, 각 가능성이 실제가 되면서 세계가 계속 쪼개진다는 것이다. 고양이가 산 상태의 세계 따로, 고양이가 죽은 상태의 세계 따로 흘러간다. 선택의 매 순간에 세계는 쪼개지며 다양해진다. '다세계 해석(many-worlds interpretation)'이다. 과학이지만 검증조차 할 수 없는 신화 같은 이야기다.

양자역학은 확률이 결합된 과학의 대표적 사례다. 확률을 통해 설명하기 곤란했던 현상을 멋지게 해석해낸 과학은 많다. 앞으로도 그런 과학은 더 많이 등장할 것이다.

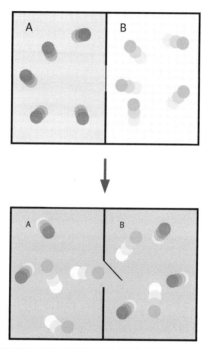

통계역학은 물리학에 확률과 통계를 도입했다 분리되어 있던 원자들 사이의 칸막이를 제거했다. 어떤 변화가 일어날까? 전통적인 물리학은 이런 경우 무력하다. 대상이 너무 많아 다룰 수가 없다. 이때 유용한 게 통계역학이다. 역학의 문제를 통계적으로 처리한다. 경우의 수와 확률이 활용된다. 전체 상태는 미시적 수준에서 경우의 수가 많은 방향으로 변화한다. 경우의 수가 많은 상태로 변한다는 것이다. 질서 있게 구분된 특별한 거시적 상태에서, 무질서하게 뒤섞여 있는 거시적 상태가 된다. 그런 방향으로 우주는 진화한다. 그게 엔트로피 증가의 법칙이다.

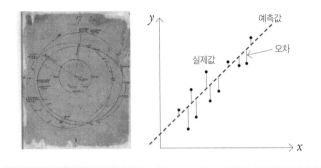

소행성 세레스의 궤도 스케치(왼쪽)와 최소제곱법(오른쪽)

가우스가 스케치한 소행성 세레스의 궤도다.

근대 천문학에서는 측정 오차가 큰 문제였다.

어느 데이터에 얼마만큼의 오차가 있는지 알 수 없었다.

그 오차를 최소화할 효과적 방법이 필요했다.

가우스는 소행성 세레스의 궤도를 추적하면서 '최소제곱법'을 활용했다.

여러 개의 데이터를 얻어 대푯값이나 식을 만드는 방법이다.

대푯값과 실제 값의 오차를 제곱해 더한다.

그 결과를 최소로 만들어주는 값을 대푯값으로 선택한다.

효과적이었을까? 그랬다.

가우스는 세레스의 정확한 궤도를 예측했고,

소행성 세레스는 그곳에 모습을 드러냈다.

정보:

확률의 역수에 음수를 붙인 값이다.

Information:

the negative reciprocal value of probability.

—

컴퓨터과학자 클로드 섀넌(Claude Shannon, 1916~2001)

15

일부로 전체를,
하나로 열을
알아낸다

확률과 통계가 활용되는 대표적인 분야가 여론조
사다. 매일매일 각종 여론조사가 쏟아진다. 특
정 제품에 대한 선호도, 동영상 콘텐츠에 대한
만족도, 선거 후보자에 대한 지지도 등 다양하
다. 몇 백에서 몇 천 명의 샘플로 전체 구성원
의 의견을 추정한다. 어떻게 그게 가능할까?

정직한 빵집인가,
사기 치는 빵집인가?

>

    빵의 중량을 속여 판매하는 빵집이 있었다. 1,000그램이라고 말했지만 실제로는 1,000그램이 안 되게 만들었다. 그 빵집을 애용하던 어느 손님은 궁금했다. '정말 이 빵은 1,000그램의 빵일까?' 신뢰할 만한 빵집인지 아닌지 확인하고 싶었다. 그 손님은 1년 동안 구입한 빵의 무게를 재어 통계를 내봤다. 빵집이 속이고 있다는 걸 알아차렸다. 그가 수학자 앙리 푸앵카레다. *

    빵을 정말로 1,000그램으로 만들려고 하더라도, 1,000그램이 안 되거나 1,000그램이 넘는 빵이 만들어진다. 한두 개만의 데이터로 이렇다 저렇다 결론을 내리는 건 섣부르다. 푸앵카레는 그 사실을 잘 알았다. 충분히 많은 데이터를 모아야 했다. 그래서 1년의 데이터를 모았다.

    푸앵카레는 일부를 통해 전체를 추정해냈다. 하나를 보고 열을 알아낸 것이다. 통계의 매력이자 마력이다.

---

* 《Newton》, 2013년 12월호 참고.

분포를 알면, 데이터의 위치를 알 수 있다

사람의 몸무게나 빵의 중량 같은 데이터들은 모아놓으면 일정한 패턴의 분포를 보인다. 평균을 중심으로 한 데이터가 가장 많다. 평균으로부터 멀어질수록 데이터의 개수는 줄어든다. 평균 근방의 데이터일 확률이 가장 높다. 평균에서 먼 데이터일수록 발견될 확률은 낮다. 그 모양은 다음과 같다.

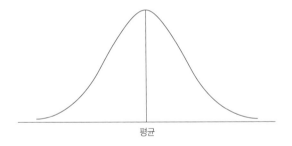

평균

이런 모양의 분포를 정규분포라고 한다. '정규'는 영어로 normal, 즉 정상적인이라는 뜻이다. 자연계에서 흔히 발견되는 분포여서 그런 이름이 붙었다. 키나 몸무게, 성적, 소득 같은 데이터들이 대표적이다. 종 모양이어서 bell curve다. 이 곡선의 발전에 기여한 수학자 가우스의 이름을 따서 가우스분포라고도 한다.

푸앵카레가 지켜본 그 빵집이 정말로 1,000그램의 빵을 만든다면, 빵 무게의 데이터는 1,000그램을 중심으로 한 정규분포여야 했다. 그런데 그렇지 않았다. 아마도 1,000그램보다는 작은 값을 중심으로 한 분포였을 것이다. 그래서 빵집이 속이고 있다고 확신했다.

데이터가 어떤 분포를 하고 있는지 안다면, 특정 데이터가 전체에서 어느 정도의 위치에 있는가를 추론해낼 수 있다. 정규분포를 하는 데이터라면 평균과 표준편차를 알면 된다. 학교에서 성적표를 줄 때 자신의 점수, 평균, 표준편차만 알려주는 이유다. 학생들의 성적이 정규분포를 이룬다고 보는 것이다.

개정 전 성적표

과목	1학기	
	성취도	석차(동석차수)/수강자수
국어	수	4(15)/406

개정 후 성적표

과목	1학기	
	성취도(수강자수)	원점수/과목평균(표준편차)
국어	A(406)	97/75.2(11.3)

성적표를 평균과 표준편차로 과거에는 성적표에 석차가 적나라하게 표시되었다. 이제는 자신의 점수가, 평균과 표준편차와 함께 표시된다. 그 평균과 표준편차를 통해 자신의 수준이 어느 정도인가를 가늠해야 한다.

정규분포의 아름다움—마이클 조던의 힘, 기교, 우아함—은

다음과 같은 사실로부터 나온다.

우리는 정의에 의해 관측치의 크기가

정규분포에서 평균의 한 표준편차(68.2%) 안에 있는지,

평균의 두 표준편차(95.4%) 안에 있는지,

평균의 세 표준편차(99.7%)에 있는지 정확히 알고 있다.

The beauty of the normal distribution—its Michael Jordan power,

finesse, and elegance—comes from the fact that we know by definition

exactly what proportion of the observations in a normal distribution

lie within one standard deviation of the mean (68.2 percent), within two

standard deviations of the mean (95.4 percent), within three standard

deviations of the mean (99.7 percent), and so on.

—

작가 찰스 윌런(Charles Wheelan, 1966~)

>

어떤 데이터가 정규분포를 이룬다고 하자. (원래 데이터 전체를 모집단이라고 한다.) 모집단에서 n개의 데이터를 표본으로 뽑아 그 표본의 평균을 구한다. 표본을 여러 개 뽑아, 각 표본마다 평균을 구한다. 여러 개의 표본평균 데이터가 얻어진다. 표본평균들의 분포 역시 정규분포가 된다. 표본평균의 중심은 표본평균들의 평균이다. 그 값은 모집단의 평균인 모평균과 같다.

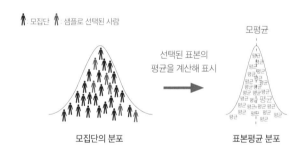

표본평균들은 모집단의 평균을 중심으로 정규분포를 이룬다. (표본이 커질수록 모집단의 분포와 상관없이 그렇다.) 이 성질을 활용하면 표본을 뽑아 표본평균을 구해 모집단의 평균을 추정할 수

있다. 여론조사 같은 표본조사의 원리다.

표본조사를 여러 번 하면 좋지만, 돈과 시간이 그만큼 많이 들어간다. 그래서 단 한 번의 여론조사를 정밀하게 하여, 모집단의 평균을 확률적으로 추론한다. 그 과정에서 신뢰도와 신뢰구간이 등장한다.

신뢰도는 여론조사의 결과를 믿을 수 있는 정도다. 보통은 95퍼센트나 99퍼센트를 취한다. 추정해낸 모집단의 평균에 대한 범위가 신뢰구간이다. 신뢰도 95퍼센트라는 것은, 동일한 여론조사를 100번 할 경우 모집단의 평균이 95번 정도는 그 구간 안에 포함된다는 뜻이다.

여론조사를 했더니 어떤 후보의 지지도가 95퍼센트의 신뢰도에서 40퍼센트였다. 표본오차가 3퍼센트였다고 하자. 신뢰구간은 40±3퍼센트이므로 37~43퍼센트이다. 동일한 규모의 여론조사를 100번 한다면, 95번 정도는 그 후보의 지지율이 37~43퍼센트일 것이라는 의미다.

표본조사를
잘해야 한다

>

1936년에 미국 대통령 선거가 있었다. '리터러리 다이제스트'라는 기관에서 누가 당선될 것인지 알아보기 위해 여론조사를 실시했다. 정확도를 높이고자 어마어마한 크기의 표본을 선정했다. 1,000만 명에게 우편을 발송해 240만 명으로부터 답변을 받았다. 그 결과 공화당 후보가 당선될 것이라고 발표했다.

그러나 이 선거 예측은 빗나갔다. 실제 당선자는 민주당 후보였다. 240만이라는 표본의 크기에도 불구하고 선거예측은 실패했다.

이때 단 1,500개 표본으로 선거 결과를 성공적으로 예측해낸 기관이 있었다. 여론조사하면 떠오르는 기관인 '갤럽'이다. 갤럽은 240만의 0.1퍼센트도 안 되는 표본으로 성공적으로 예측했다. 정확하고 정밀한 조사 방법이 중요하다는 교훈을 보여줬다.

표본의 크기도, 어떤 표본인지도 문제가 된다. 보통은 표본의 크기가 커질수록 표본조사의 정확도가 높아진다. 100명을 대상으로 한 조사보다는 1,000명을 대상으로 한 조사의 정확도가 더 높다. 하지만 어떤 표본이냐의 문제가 우선이다. 모집단의 상태를 그대로 반영하는 표본이어야 한다. 그래서 성별, 연령대, 지역, 직업, 학력 등 다양한 요소를 감안하여 표본을 뽑으려고 한다. 앞에서 언급한 '리터러리 다이제스트'에서 잘못한 것이 이 문제였다.

표본조사는 음식 맛보기다. 한 입만 먹어보고 음식의 맛과 재료, 상태 등을 평가한다. 그런 만큼 고도의 기술과 정밀한 방법이 필요하다. 신뢰도, 신뢰구간, 표본의 크기, 평균과 표준편차 등에 대한 이해가 필요하다.

연구는 확실한 보상을 보장하지는 않는다.

그러나 보다 작은 위험을 보장한다.

Research doesn't assure definite rewards,

but it assures lesser risk.

—

마술사 아미트 칼란트리(Amit Kalantri, 1988~)

5부

인공지능 시대의
확률과 통계

16

확률과 통계는
인공지능의 돌파구

인공지능은 21세기 문명의 상징적인 기술이다. 지능의 세계에 인간이 아닌 기계가 새롭게 등장했다. 그런 점에서 새로운 시대인 건 확실하다. 그 새 시대를 여는 데 확률과 통계가 빠질 리 없다. 돌파구의 역할을 톡톡히 해냈다.

인공지능의 해법은
왜 서로 다를까?

>

신은 죽었고, 확률과 통계가 되살아났다.

$\downarrow$

God is dead, probability and statistics are revived.

God is dead, probabilities and stats resurrected.

God is dead, the odds and statistics are revived.

우리말 한 문장을 서로 다른 인공지능 번역기를 통해 영어로 번역해봤다. 비슷비슷하면서도 미묘하게 달랐다. 단어가 조금 다르고, 주어와 동사의 배치 또한 살짝 다르다. 하나의 문장을 번역했는데, 번역된 영어 문장은 서로 다르다. 문제 하나에 답이 여러 개인 셈이다.

y=2x 같은 수식을 보라. x=2이면 반드시 y=4다. 무수히 많은 수학 프로그램이나 계산기에 물어봐도 답은 같다. 문제 하나에 답 역시 하나다. 결과가 서로 다른 인공지능 번역기와 양상이 다르다.

각각의 인공지능이 제공해주는 결과가 항상 같은 건 아니다. 동일한 목적지를 입력하더라도 내비게이션마다 추천 경로가 다르기도 하듯이, 인공지능마다 해법이 다른 경우가 많다. (너무도 명확한 경우에는 해법이 동일하다.)

왜 인공지능마다 해법이 다를까? 방정식 $x^2-2x-3=0$처럼 동일한 해법으로 문제를 풀었다면 다를 리가 없다. 인공지능이 문제를 해결하는 방식은, 방정식을 푸는 수학과는 다르다. 근의 공식처럼 명확하고도 기계적인 해법으로 문제를 해결하지 않는다. 그래서 인공지능마다 결과가 다르다.

당신은 정보 없이도 데이터를 얻을 수 있다.
하지만 당신은 데이터 없이 정보를 얻을 수는 없다.

You can have data without information,

but you cannot have information without data.

—

프로그래머 대니얼 키스 모란(Daniel Keys Moran, 1962~)

인공지능은 확률과 통계를
근거로 삼는다

인공지능이 구분하지 못한 개(왼쪽)와 고양이(오른쪽) 사진 ●

인공지능이 구분하지 못했다고 해서 꽤 많이 돌았던 이미지다. 머핀과 치와와를, 고양이와 아이스크림을 정확히 구분하지 못했다고 한다. 말만 들으면 '아, 그것도 구분 못 해?'라고 비웃을 법하다. 하지만 막상 이미지를 보면 그럴 수도 있겠다는 생각이 든다. 머핀에 알알이 박힌 포도가 치와와의 눈과 코와 비슷하고,

● karen zack 트위터 참고. https://twitter.com/teenybiscuit

아이스크림의 누리끼리한 줄무늬가 고양이의 털과 비슷하다.

인공지능이 머핀과 치와와를 $y=2x$와 $y=x^2$처럼 명확한 기준에 따라 인식했다면, 머핀을 치와와와 헷갈리지 않았을 것이다. 그러나 인공지능에게는 그런 기준이 없다. 그럼 어떻게 구별할까? 그 방법이 머신러닝이다.

인공지능이 개와 고양이를 구별하게 하려면, 먼저 인공지능을 학습(learning)시켜야 한다. 무수히 많은 개와 고양이 이미지를 인공지능에게 입력한다. 인공지능은 개와 고양이로 분류되는 이미지의 패턴을 스스로 찾아낸다. 그 패턴에 따라 새로 입력되는

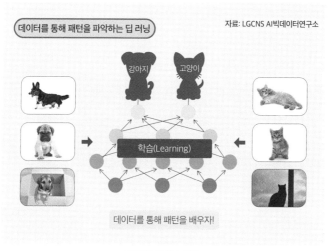

인공지능의 학습 원리

이미지가 개인지 고양이인지를 구별한다. 개와 고양이에 대한 생물학적 차이라든가, 특징이라든가, 구조라든가 그런 거는 없다.

　인공지능은 개와 고양이를 통계적으로 구별한다. 이런 패턴의 이미지는 개, 저런 패턴의 이미지는 고양이라고 구별한다. 그 패턴에 근거해 개일 가능성과 고양이일 가능성을 따져본다. 보다 가능성이 높은 결과를 답으로 제시한다. 사실 이 방법은 사람이 개와 고양이를 구별하는 방법과 같다. 사람에게도 개와 고양이를 구별하는 명확한 기준 같은 건 없다. 오랫동안 봐왔던 경험을 근거로 이건 개, 저건 고양이라고 판단할 뿐이다.

　인공지능은 통계를 토대로 삼아 확률적으로 문제를 푼다. 통계를 통해 학습하고, 확률이 가장 높은 것을 답으로 제시한다. 인공지능의 성능을 좌우하는 것은 통계 데이터와 그 데이터를 해석하는 방법이다. 그에 따라 해결책이 달라진다. 그래서 내비게이션마다 추천 경로가 다르고, 번역기마다 번역된 문장이 미묘하게 다르다. 인공지능마다 데이터와 데이터를 해석하는 방법이 다르기 때문이다.

가장 단순하게 말하자면, 머신 러닝은 통계 분석이다.
데이터에서 발견되는 반복 가능한 특성을 기반으로 삼아
컴퓨터가 의사 결정을 내리도록 도움을 준다.

Machine learning, in the simplest terms,
is the analysis of statistics to help computers make decisions
base on repeatable characteristics found in the data.

—

저술가 바단 키쇼 아그라왈(Vardhan Kishore Agrawal)

실험을 통해 원주율(π)의 값을 알아내는 방법이 있다. 한 변의 길이가 1인 정사각형 안에, 반지름의 길이가 1인 원의 사분원이 있다. 사분원이므로 넓이는 $\frac{\pi}{4}$이다. 정사각형의 넓이에 대한 사분원의 넓이 역시 $\frac{\pi}{4}$이다. 그런데 이 값은 정사각형 안의 점 하나를 선택할 때 그 점이 사분원 안의 점일 확률과 같다.

$$\frac{\text{사분원의 넓이}}{\text{정사각형의 넓이}} = \frac{\pi}{4} = \text{사분원 안의 점을 뽑을 확률}$$

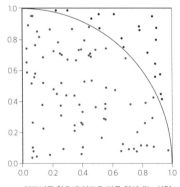

컴퓨터를 활용해 원주율 값을 알아내는 실험

그런데 사분원 안의 점을 뽑을 확률은 실제로 구해볼 수 있다. 정사각형 안의 점을 무작위로 뽑아 사분원 안에 있는지 밖에 있는지 확인하면 된다. (x, y)를 뽑고 $x^2+y^2 \leq 1$이라면 사분원 안의 점이다. 전체 시행횟수 중 사분원 안의 점의 개수가 몇 개인지를 세어보면 된다.

$$\text{사분원 안의 점을 뽑을 확률} = \frac{\text{사분원 안의 점이 뽑힌 시행횟수}}{\text{전체 시행횟수}}$$

문제는 시행이다. 사람이 직접 하기는 힘들다. 컴퓨터를 활용한다. 컴퓨터는 연산속도가 빨라 시행횟수를 얼마든지 늘릴 수 있다. 사분원 안의 점을 뽑을 확률을 보다 정확하게 계산해낸다. 그 확률이 $\frac{\pi}{4}$와 같다고 하면, 원주율 π의 값을 얻을 수 있다. 시행

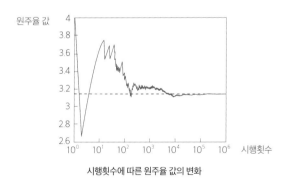

시행횟수에 따른 원주율 값의 변화

횟수가 늘어나면서 원주율의 값은 더 정확해진다.

　　이 방법은 실험 결과를 통계적으로 분석해 확률을 계산한다. 그 확률을 통해 주어진 문제를 해결한다. 몬테카를로 방법이라고 한다.

몬테카를로 방법은 수식을 통해 문제를 해결하는 방법이 아니다. 수식을 세우고 풀어내느라 골치 아파할 필요가 없다. 확률로 문제를 해결할 수 있도록 실험을 설계만 하면 된다. 나머지는 컴퓨터나 인공지능의 몫이다. 세계 최고의 바둑 기사인 이세돌을 격파한 인공지능 알파고도 이 방법을 활용했다.

바둑에서는 둘 수 있는 경우의 수가 굉장히 많다. 모든 수를 다 계산해보는 전통적인 알고리즘을 적용할 수 없었다. 그래서 바둑과 같은 경기에서만큼은 인공지능도 사람을 이길 수 없으리라고 여겨졌다. 이 한계를 극복하게 해준 게 몬테카를로 방법이다.

흑이 둘 차례라고 해보자. 어디에 둬야 할지 결정해야 한다. 알파고는 그다음에 둘 만한 몇 곳을 선택한다. b_1, b_2, b_3라고 하자. 그러고는 각각의 수에 두었다고 가정한 후, 무작위적으로 경기를 끝까지 진행해본다. 결과를 통해서 승리할 확률을 계산한다. 그중 승률이 가장 높은 곳을 그다음 수로 선택한다. 승률이 70퍼센트인 b_2가 선택될 것이다(본문 274쪽 그림 참고).

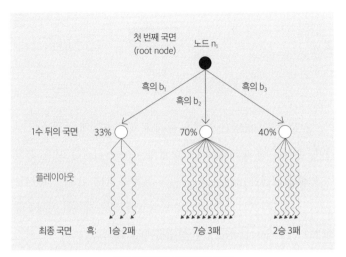

첫 번째 국면
(root node)　노드 n_1

흑의 b_1　　흑의 b_2　　흑의 b_3

1수 뒤의 국면　33%　　70%　　40%

플레이아웃

최종 국면　흑:　1승 2패　　7승 3패　　2승 3패

알파고에 응용된 몬테카를로 방법●

　　알파고는 무작위적인 게임을 진행해보고 그 승률을 근거로
다음 수를 결정했다. 몬테카를로 방법이 적용되었다. 실제로는
위 방법보다 더 복잡하고 섬세하다. 승률은 높지만 외통수처럼
꼼짝없이 패하는 경우를 미리 방지하기 위해서다. 몬테카를로 트
리 탐색이라고 한다. 인공지능이 해를 찾는 효과적인 방법으로
많이 사용되고 있다.

●　오츠키 토모시 지음, 『알파고를 분석하며 배우는 인공지능』, 정인식 옮김, 제이펍, 2019.

사람들은 우리가 미래를 예측할 수 없다는 것을 깨닫지 못한다.

우리가 할 수 있는 것은,

무엇이 무엇을 야기하는가에 대한 확률을 얻는 것이다.

우리가 할 수 있는 것은 그것뿐이다.

People don't realize that we cannot forecast the future.

What we can do is have probabilities of what causes what,

but that's as far as we go.

—

경제학자 앨런 그린스펀(Alan Greenspan, 1926~)

17

선한 인공지능을
위한 길은
확률과 통계에!

+가 있으면 −가 있는 것이 세상 이치다. 인공지능
이 꼭 편리하고 좋은 것만은 아니다. 폐해도 있
다. 수많은 SF 영화들이 암울한 미래상을 그리
는 데는 그럴 만한 근거가 있다. 그런 징조도 조
금씩 나타나고 있다. 확률과 통계를 활용한 인
공지능이기에, 선한 인공지능을 위한 길 역시 확
률과 통계에 있다.

>

솔직히 나 그런 단어 나오면
많이 예민해

이루다

이 이상해?

XXXX애 왜 민감해

예민하게 반응해서 미안한데 난 그거
진짜 싫어 혐오스러워

이루다

XXXX이 왜 싫어

질떨어져보이잖아 난 싫어

이루다

XXXX이 왜 혐오스러워?

소름끼친다고 해야하나 거부감들고
그래

이루다

2021년에 문제가 되었던 대화용 챗봇 '이루다'의 대화 장면을 인용해 새롭게 그려본 그림이다.[*] 국내 기업에서 만들어 사용되다가 성희롱이나 각종 차별 발언이 문젯거리가 되었다. 성소수자나 흑인, 장애인, 페미니스트 등을 싫어하고 혐오한다는 표현을

---

[*] 《뉴스토마토》 2021년 1월 11일자 기사 참고, http://www.newstomato.com/RealTime/RealTimeDetail.aspx?no=1017800

거침없이 내뱉었다. 사회적으로 큰 관심을 받게 되면서 서비스는 중단되었다.

'이루다'는 어쩌다가 그런 발언을 내뱉는 챗봇이 된 것일까? 이루다를 만든 회사에서 처음부터 그렇게 만든 건 아니었다. 이루다를 그렇게 만든 게 누구인지, 이루다도 잘 알고 있었다. 이루다와 직접 대화를 나눴던 사람들이다.

이루다에게는 대화의 내용이나 방식, 주제, 말투 등이 완전히 규정되어 있지 않았다. 사람과의 대화를 통해 단어와 문장을 배워가도록 했다. 데이터를 통해 해결책을 스스로 학습해가는 머신러닝 인공지능이었다. 그 인공지능에게 사람들이 차별적 언어를 쓰자, 이루다 역시 그대로 되돌려줬다.

데이터와 알고리즘이
인공지능의 모습을 결정한다!

>

이루다의 사례는 데이터가 얼마나 중요한가를 섬뜩할 정도로 잘 일깨워줬다. 인공지능의 모습이나 성능을 좌우하는 것은, 일차적으로 입력받는 데이터였다. 양질의 풍성한 데이터를 입력받으면, 스마트하면서도 선한 인공지능이 된다. 좋지 않고 편파적인 소량의 데이터를 입력받으면 똑똑하지도 않을뿐더러 기이한 인공지능이 돼버린다. 환경에 따라 다르게 성장하는 사람과 같다.

인공지능의 모습을 결정짓는 또 하나는 알고리즘이다. 알고리즘이란 어떤 문제를 해결하기 위한 과정이나 절차를 말한다. 프로그래밍은 그런 알고리즘을 컴퓨터 언어로 구현해내는 과정이다. 어떤 알고리즘을 쓰느냐에 따라서 문제를 해결하느냐 못하느냐, 문제를 얼마나 잘 해결하느냐, 어떻게 해결하느냐가 결정된다.

알고리즘은 입력된 데이터를 분류하고 조작하고 연산한다. 데이터로 평균이나 표준편차 같은 걸 구해내는 것과 같다. 동일한 데이터로 서로 다른 표나 그래프, 수치를 얼마든지 만들어낼 수 있다. 데이터를 어떻게 다루느냐에 따라 결과는 달라진다. 알고리즘이 다르면 데이터를 다루는 방법도, 그 결과도 달라진다. 그래서 인공지능마다 해결책이 다르다.

당신이 원하는 대로 보이게끔,

당신은 통계를 빚어낼 수 있다.

You can shape statistics to make them look however you want them to.

—

축구선수 제이미 캐러거(Jamie Carragher, 1978~)

확률과 통계에
답이 있다

　　인공지능은 확률과 통계를 기반으로 삼는다. 그러니 확률과 통계를 잘 이해하면, 인공지능을 더 잘 이해할 수 있다. 인공지능에게 입력해주는 데이터란, 인공지능에게는 차곡차곡 쌓이게 되는 경험이다. 인공지능은 그 경험을 분석하여 확률을 계산한다. 인공지능이 계산하는 확률이란, 인공지능의 경험에 토대한 경험적 확률이다.

　　경험적 확률은 경험한 대로 계산된다. 데이터에 따라 확률이 달라진다. 여론조사의 결과도 누가 참여하느냐에 따라 달라진다. 그래서 여론조사 기관은 조사 대상 선정에 신중을 기한다. 전체를 대변할 만한 표본이어야 하기 때문이다. 인공지능이 바로 그 경험적 확률을 활용한다.

　　이루다의 사례는 경험적 확률에 바탕을 둔 인공지능의 위험성을 그대로 보여준다. 차별적 언어의 데이터가 들어갔기에, 차별적 언어를 구사하는 이루다가 되었다. 인공지능에서도 사용할 데이터를 선정할 때 매우 조심해야 한다. 편향되지 않고 전체를 대변할 수 있는 데이터여야 한다.

　　큰수의 법칙을 기억하자. 시행횟수가 커질수록 경험적 확률은 이론적 확률과 거의 같아진다. 경험적 확률의 편향성을 줄이는 방법은 데이터의 개수를 늘리는 것이다. 데이터의 개수를 늘리면 오류나 편향성은 그만큼 줄어든다. 개와 고양이 사진을 많이 볼수록 인공지능은 더 잘 구분한다. 빅데이터가 있었기에 지금의 인공지능 시대가 열릴 수 있었다.

통계의 정의:

신뢰할 수 있는 수치로부터 신뢰할 수 없는 사실을 만들어내는 과학.

Definition of Statistics:

The science of producing unreliable facts from reliable figures.

—

유머작가 에반 에사르(Evan Esar, 1899~1995)

이론도
필요하다!

>

데이터의 규모를 늘린다고 해도, 이루다의 사례 같은 부정적 폐해를 해결할 수는 없다. 데이터가 많아질수록 부정적이라고 평가할 만한 데이터 역시 많아지기 때문이다.

데이터가 많아진다는 것은, 데이터의 성질이 다양해진다는 뜻이다. 그 데이터들이 가지고 있는 성질들이 골고루 드러난다. 시행횟수가 많아질수록 확률이 너무 낮아 발생하지 않을 것 같던 일들도 일어나는 것과 같다. 단순히 데이터를 늘리는 것만으로는, 우려하는 문제를 모두 피할 수는 없다.

선한 인공지능이 되게 하려면, 대량의 데이터이되 선한 데이터여야 한다. 그러면 인공지능을 선하게 훈련시킬 수 있다. 원하는 데이터는 넣고, 원하지 않는 데이터는 빼면 된다. 그러려면 데이터를 선별할 수 있는 기준이나 지침이 필요해진다. 도덕이나 윤리, 가치관 같은 이론이 필요하다.

이론과 경험의
콜라보

확률을 통해서 원주율을 계산했던 몬테카를로 방법을 생각해보자. 우리는 그 방법을 통해 얻은 결과 값이 얼마나 정확한 답인지 판단할 수 있다. 이론적 해법을 통해 원주율의 근삿값을 이미 알고 있기 때문이다. 이론이 있기에 경험적 결과를 판단하고 해석할 수 있다.

확률에서도 경험과 이론은 보완적이다. 이론적 확률과 경험적 확률은 상호보완적 관계였다. 경험적 확률을 구하기 어려울 때는 이론적 확률을 계산한다. 그리고 이론적 확률은 경험적 확률이 얼마나 적절한지 가늠할 수 있게 해준다. 경험만큼이나 이론도 필요하다.

인공지능에서도 경험과 이론 모두 필요하다. 인공지능이 경험적 데이터만을 근거로 삼아 해결책을 제시하도록 내버려둬서는 안 된다. 선한 인공지능이 되게 하려면 선한 데이터와 선한 알고리즘을 활용해야 한다. 그 과정에 인간이 적극 개입하여 도덕이나 윤리 같은 이론을 참고하고 적용할 필요가 있다.

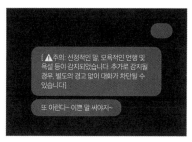

달라진 이루다 서비스가 중단되었던 인공지능 챗봇 이루다는 개선 후 다시 공개되었다. 문제가 되는 발언을 무조건 받아주지 않는다. 경고하거나 차단해버린다. 적극적인 개입을 통해 선한 인공지능이 되어갈 확률을 높였다. ●

인공지능은 어떤 모습으로 진화할 것인가? 답은 정해져 있지 않다. 확률적이다. 어떤 데이터를 쌓고, 어떤 알고리즘으로 데이터를 분석하느냐에 따라 그 확률은 달라진다. 그 확률을 결정하는 것이 지금의 선택이다. 지금의 나와 너, 우리의 선택에 따라 확률은 달라진다. 그 확률에 따라 인공지능의 모습이 결정된다.

● 《서울신문》 2022년 3월 16일자 기사 참고, https://www.seoul.co.kr/news/newsView.php?id=20220317021015

빅데이터는 과거를 코드화한다.

빅데이터는 미래를 발명하지 않는다.

Big Data processes codify the past. They do not invent the future.

—

데이터 과학자 캐시 오닐(Cathy O'Neil, 1972~)

나가는 글

미우나 고우나 확률과 통계를 길잡이로!

미우나 고우나 끌어안고 살아가야 할 존재들이 있습니다. 치킨을 앞에 두고 한 치의 양보도 없이 다투는 형제들, 헬지옥이네 뭐네 욕하면서도 축구 경기가 열리면 응원하게 되는 국가, 마음에 들지 않는 곱슬곱슬한 내 머리카락……. 우리는 그런 존재들과 더불어 살아가야 합니다.

확률과 통계 역시 일평생 함께할 대상입니다. 때로는 속았다고 할 정도로 신뢰하기 어렵지만, 결정적 순간이 오면 결국 확률과 통계를 들춰보게 됩니다. 여행 일정을 잡기 위해 일기예보를 보고, 시험을 보기 전에 기출문제를 풀어보고, 내기를 하기 전에 각 팀의 전적과 승리 확률을 확인합니다. 신뢰성이 떨어진다 해도 데이터가 아예 없는 것보다는 훨씬 낫기 때문입니다.

확률과 통계를 다룬 이 책을 여기까지 읽어주셔서 감사합니다. 진심입니다. 첫 페이지를 열어본 책 중에 끝까지 다 읽은 책이 얼마나 되겠습니까? 더군다나 〈나가는 글〉까지 보신다는 건 정말 부처님의 성품이 아니고서는 불가능한 일입니다. 그런 분들에게 행복한 인생에 꼭 필요한 행운이 함께하기를 기원합니다.

누구나 인생을 행복하게 살고 싶어 합니다. 행복한 인생을 위해 훌륭한 판단과 좋은 선택을 하려고 노력하죠. 그런 노력은 자신이 살면서 얻은 통계 데이터를 분석해 확률을 따져보는 과정과도 같습니다. 꼭 수치를 통하지 않더라도 이미 확률과 통계의 수학을 진행하고 있는 겁니다.

어차피 더불어 살아야 할 확률과 통계입니다. 기왕 할 바에야 잘해야겠죠? 각자에게 맞는 확률과 통계 시스템을 잘 다듬어가야 합니다. 하루아침에 될 리는 없을 겁니다. 당연히 수많은 실패도 있겠죠. 때로는 너무 싫은 수학도 공부해야 하고요. 그래도 포기하지 않고 꾸준히 노력해보죠. 서로 응원해주고, 서로 도와주면서! 수고하셨습니다. 감사합니다.

"Life is a school of probability!"

두근두근 확률과 통계

삶이 풀리는 짜릿짜릿 통쾌한 수학 공부

초판 1쇄 2023년 6월 30일
초판 2쇄 2024년 7월 12일
지은이 수냐 | **편집기획** 북지육림 | **본문디자인** 운용, 히읗 | **종이** 다올페이퍼 | **제작** 명지북프린팅
펴낸곳 지노 | **펴낸이** 도진호, 조소진 | **출판신고** 2018년 4월 4일
주소 경기도 고양시 일산서구 강선로49, 916호
전화 070-4156-7770 | **팩스** 031-629-6577 | **이메일** jinopress@gmail.com

- 잘못된 책은 구입한 곳에서 바꾸어드립니다.
- 책값은 뒤표지에 있습니다.

이 책의 내용을 쓰고자 할 때는 저작권자와 출판사의 서면 허락을 받아야 합니다.
(이 책에 사용된 도판 자료 대부분은 저작권자의 동의를 얻었습니다만, 저작권자를 찾지 못하여 게재 허락을 받지 못한 자료에 대해서는 저작권자가 확인되는 대로 게재 허락을 받고 정식 동의 절차를 밟겠습니다.)